海のへんな生きもの事典
ありえないほねなし

文 ひとでちゃん　イラスト ワタナベケンイチ

山と溪谷社

イントロダクション

ほとんどの動物はほねなし

海には不思議な形、驚くような生き方をしている動物がたくさんいます。その多くが無脊椎動物と呼ばれる、背骨をもたない動物です。私たち人間を含む哺乳類や鳥、魚などの、一般的に人が〝動物〟だと思っている生きもの（脊椎動物）は、背中に体を支える背骨（脊椎）をもっています。その脊椎をもたないのが無脊椎動物。背骨がないので、私は親しみを込めて〝ほねなし〟と呼んでいます。

一般によく知られるものとしては、イカ、ヒトデ、クラゲ、カニなどがいます。でも知られているほねなしなんてほんのわずか。みなさんの知らない、ありえない！　と言いたくなるような動物がたーくさんいるのです。

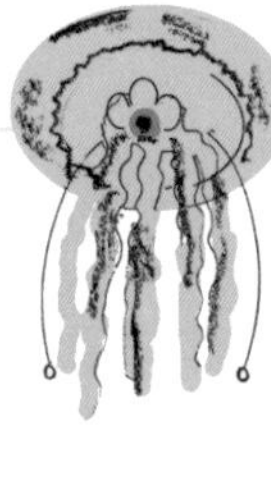

本書では、奇想天外かつ多様で、姿形も生き方もユニークな海のほねなしの魅力をたっぷりとご紹介します。

分類学では、多細胞動物（以後、動物という）を基本的な体のつくりで約34のグループ（門）に分けます（※1、※2）。背骨をもつことが特徴の脊椎動物門は、その34の動物門のなかの1つでしかありません。残りの33動物門はすべてほねなし。背骨があるほうが珍しいのです。しかし学校の教科書などでは「脊椎動物門（哺乳類・鳥類・爬虫類・両生類・魚類）のほかには、軟体動物門（イカ）と節足動物門（昆虫）があります」程度にしか紹介されていません。くやしい〜!!

でも一般的な実感としては教科書どおりだと思います。どうして世界は脊椎動物だらけのように感じるのでしょう？　理由の一つは、脊椎動物が大きくて目立つから。もう一つは、私たちが陸に住んでいるから。ほねなしの多くは小さく、そして海にいるのです。

よく考えてみると地球の表面の約7割は海。さらに海には深さもあり、平均水深は約３８００ｍです。生きものが生息する場所として圧倒的に海は広いのです。そのため陸で見られるほねなしは全動物門の約半数。みなさんが認識しているのは昆虫、カタツムリ、ミミズぐらいでしょうか。一方、海ではほとんどすべての動物門と出会うことができます。海には奇想

天外な生きものがいっぱいいる！　ということです。

各動物門は、それぞれユニークな特徴をもっています。私、自分で言うのもなんですが飽き性です。そんな私が飽きない（笑）。へんてこなのがどんどん出てくる。とにかくおもしろい！　門のなかにもまた多様性があり、そのなかには例外といわれるさらにおかしなものもいたりします。

ほねなしは、骨がないからとにかく姿形がユニークです。たとえばヒトデは星形ですね（ちなみにどうして星形に進化したのか未解明です）。背骨がないどころか、顔がない、脳がない、肛門もなかったり。一方で、とても精密な毒針やガラスの体をもっていたり…。動物というと動物園で見るような、顔があって四肢があってという生きものを連想しがちな私たちの常識では、とても生きものとは思えない姿のものがたくさんいます。

また、生き方もなんだってあり！　ちぎれて再生なんてお手のもの、雌雄同体なんて普通、一生その場から動かないという生き方を選んだものもいたり。なんだか常識や〝ねばならない〟にとらわれている私たちに、生きものとして生きるとは本来どういうことかを問いかけてくれているようです。どんな形でも生きて子孫を残そうとする、たくましい姿がそこにあります。

本書ではほねなしの、ありえない姿形、ありえない生態、ありえない性の話をたくさんピックアップしてご紹介しています。さらに、Ｐａｒｔ４では全34動物門を解説したほねなし図鑑を掲載。一般書で全動物門を紹介するなんて、前代未聞の画期的なことだと自負しております。海の生きものが好きという方でも、初めて見聞きする動物がいるかもしれません。

海のほねなしは本当に自由で多様です。そんな形ありなの？　そんな生き方ありなの？　とその自由奔放さに度肝を抜かれることがもはや快感となってしまいました。そして知れば知るほど私自身の生き方も自由になり（結果、「ひとでちゃん」と勝手に名乗り、このような本を書くに至りました）、生きものを一つ認識するたびに私の世界は豊かになりました。そんな体験をぜひあなたにも。

さぁ、ここからあなたの知らない本当の動物たちのお話が始まります。めくるめくほねなしたちの奇妙な世界へようこそ。あなたもほねなしに脳みそ溶かされちゃってください！

※1　門は動物を分類する最も大きな分類階級。動物で基本的に使われる分類階級は大きいほうから界・門・綱・目・科・属・種の7段階があります。

※2　動物界をいくつの門に分けるかは研究者によって意見が異なります（だいたい30～35）。本書では34門とします。なお、この分類は今後も新たな発見により変わっていくものです。

もくじ

Part 2 ありえない生態

Part 3 ありえない性

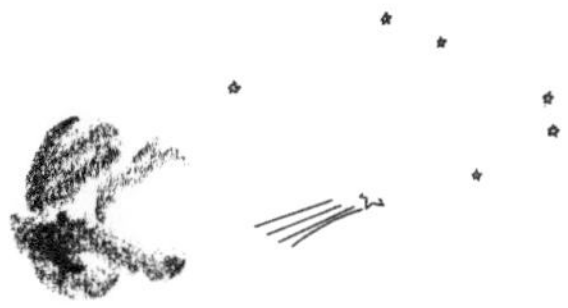

Part 4

ほねなし図鑑

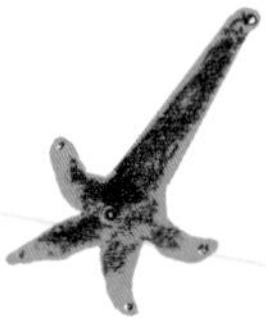

コラム

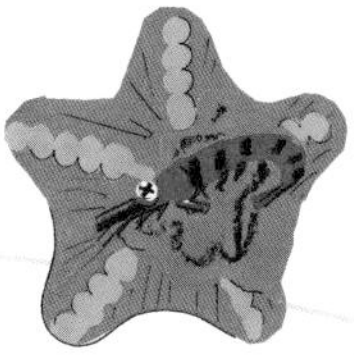

カバー・本文イラスト
(Part1〜3)
ワタナベケンイチ

本文イラスト
(Part4)
ひとでちゃん

装丁・本文デザイン
吉池康二
(アトズ)

校正
與那嶺桂子

編集
井澤健輔
(山と溪谷社)

Part 1 ありえない姿形

顔がなかったり、肛門がなかったり、
頭から足が生えていたり…。
姿のユニークさは背骨がないからこそ!?

ありえない
FILE NO.
1

カイメン

海綿動物門　Porifera

体はスポンジ状や

人間の体の約60%は水だといわれています。ですが体を絞ったら水が滴り落ちてくるなんてことはありえませんね。一方、海綿《かいめん》動物ではそんなことがありえます。海の綿、英語では「スポンジ」と呼ばれています。何を隠そう私たちが日頃使っている食器を洗ったり体を洗ったりするスポンジは、真のスポンジである海綿動物の体をマネしてつくられたものです。多くのカイメンは繊維状タンパク質でできた吸水性抜群な体の中に、小さな針状の骨片《こっぺん》をたくさんもっています。

　さて、ほねなしと言っているのに骨片？　と疑問に思われるかもしれません。ほねなしの「ほね」はあくまで背骨のこと。骨片とはまるで様子が違います。まず、骨片は小さい。

じつは身近なカイメン

モクヨクカイメンと呼ばれる骨片をもたない種は、昔から水を含ませることができる便利な物として人間に利用されてきました。郵便局で切手をぬらすスポンジなんかも海綿製だったりします。今でも入浴や化粧用に高級天然スポンジとして売られていることがあります。

ザラカイメンの仲間

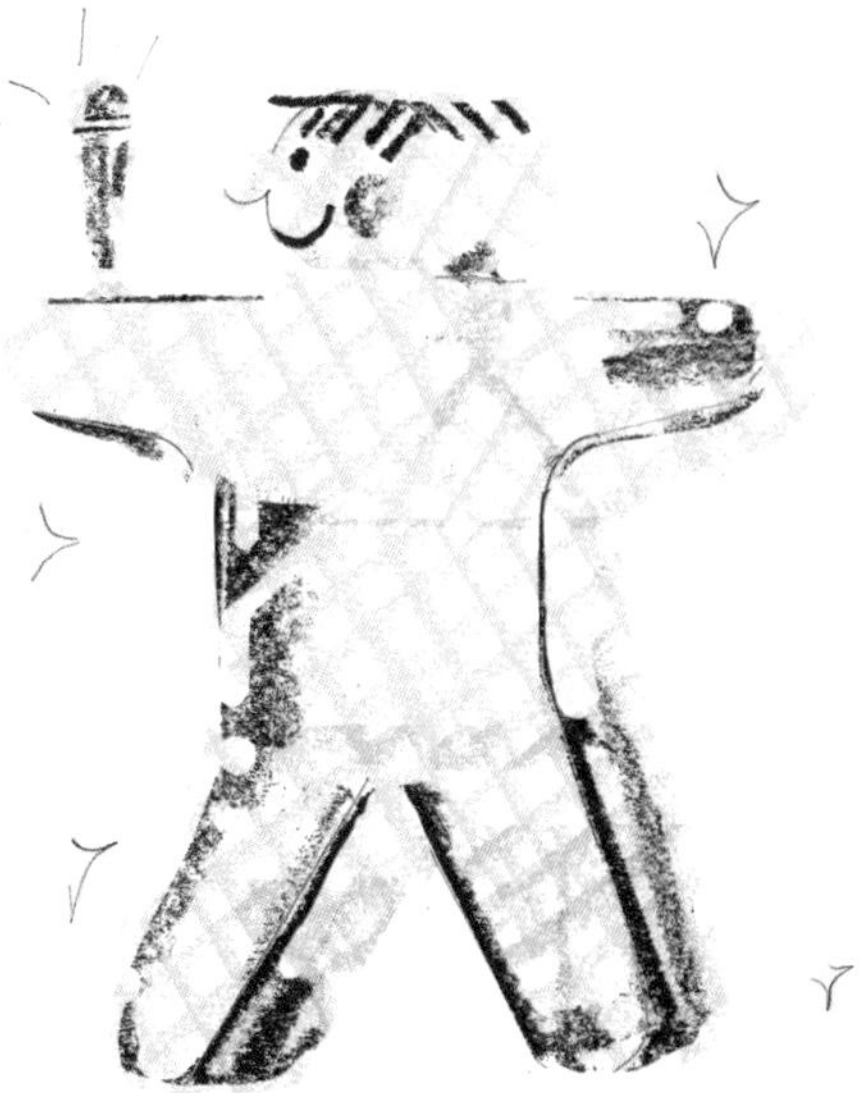

ガラス質です

一つ一つは1㎜にも満たない、顕微鏡で視認されるサイズです。また、驚くことに多くのカイメンの骨片は二酸化ケイ素（珪酸《けいさん》）という一般的なガラスの主成分と同じものでできています。

ほとんどのカイメンは骨片で体の補強をしていますが、深海にいるガラス海綿と呼ばれる仲間は骨片同士がしっかりとつなぎ合わされた全身ガラスの骨格をもっています。まるで精巧なガラス細工のような生きものなのです。実物を触ったことがありますが、もちろんガラスですから尖った部分は痛い！　そして壊れやすい！　柔軟なスポンジのような体だったり、繊細なガラスの体だったり、まさにほねなしの自由さを象徴するような動物です。

ありえない FILE NO. 2

平板動物門　Placozoa

センモウヒラムシ

全身ペラッペラ！体の厚みは細胞3つ分

人間の細胞の数は60兆個？　37兆個？　いろいろな説があるようですが、とにかく途方もない数の細胞で体が構成されていることは確かです。そして体を守る防壁ともいえる皮膚は、何層にも重なった細胞で構成されています。しかし、このセンモウヒラムシと呼ばれる体長1㎜ほどの生きものの表皮はなんと、たった1層の細胞からできています。なので体は細胞3層分の厚みしかないペラッペラの生きもの。風船を平たく潰した感じをイメージしてもらうといいでしょうか。

実際の見た目は大きめのアメーバのような生きものです。しかし、アメーバは単細胞生物。一方、センモウヒラムシはあくまで多細胞生物。全細胞数は2000〜3000ほど。ちなみにこの本で紹介する無脊椎動物、通称ほねなしはすべて多細胞の動物です。そのため1層しかないペラッペラの体でもちゃんと背腹の区別があります。背中側の細胞と、お腹側の細胞の種類が違うのです。

センモウヒラムシには口がありません。じゃあどうやって食べるのかというと、お腹側の表皮で

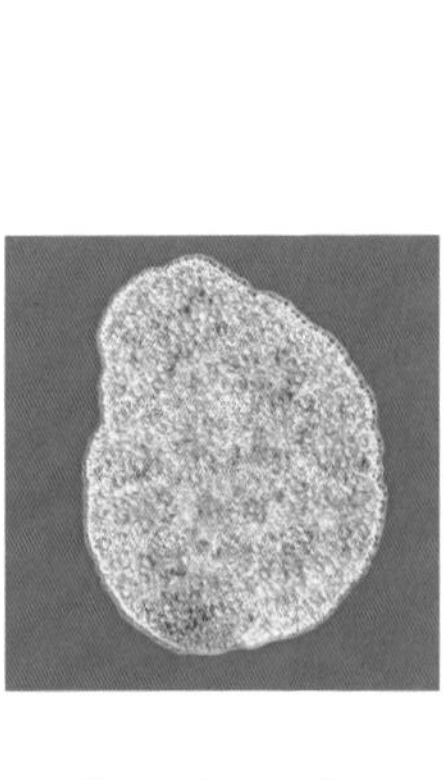

センモウヒラムシの仲間

食べ物を包み込み、細胞から分泌される消化液で溶かしてそのまま吸収します。またセンモウとつくとおり、体表にある繊毛《せんもう》を使って移動します。こんな生きもの、ほかにいないのです！ そのため、かつてはたった一種で一つの動物門を担っていました。あまりにシンプルな形なので種の区別がつかなかったのですが、近年のDNA解析で複数種いることがわかってきています。

あなたの近くにもいるかも？

センモウヒラムシがはじめて発見されたのは、なんと水族館の水槽のガラスに貼りついていたところ。この生きもの、なぜだかガラスに付着する性質があります。特別珍しいわけでもなく、日本にも広範囲に生息。もしかしたらあなたが所有する海水水槽にも貼りついているかもしれませんよ？

ありえない FILE NO. 3

刺胞動物門 Cnidaria

クラゲ

体の9割以上は「水」

私たちの体にはたくさんの水が含まれています。その量は成人男性で体の約60%、新生児だと約75%にもなるそうです。陸上で暮らす生きものでもこれだけの水分量なのですから、海に暮らす生きものはもっと多いことが推測されます。

たとえば人と同じ脊椎動物の魚では、体の約75%が水です。一方で、さらに強者なのがクラゲ。いかにも水分の多そうな見た目ですが、なんと体の95～

97%が水。ほぼ水。海の化身といっても過言ではありません。体長2mにもなるエチゼンクラゲは食用にもされますが、塩蔵するとペラペラの円い皮だけになってしまいます。そんな体でも生きものとして成立しているのだから不思議ですね。

海で生きていくのに体内の水分量はとても重要です。深海魚ってぶよぶよのイメージがありませんか？　海では10m深くなるごとに1気圧ずつ周囲からの圧力が増えます。深海は水深200m以深とされていますから、全方位から約20kgの力で押される感覚です。さらに深くなればなるほど水圧は増していく。とても厳しい環境ですが、深海にもたくさんの生きものが生息しています。なぜ潰れないのか？その対策の一つが、体内の水分量を増やして、まわりの海水の圧力と体内の圧力を同じにするという方法です。空のペットボトルを深海に沈めたらペシャンコに潰れますが、水で満たしたものならば潰れません。もちろん、ほぼ水のクラゲは深海にもたくさんの種類が暮らしています。

赤は見えづらい

深海生物はだいたい赤か白（透明）か黒です。赤色は最も表層で海に吸収されてしまうため深海には届きません。そのため深海では赤は見えにくいのでカモフラージュになります。深海クラゲも赤いものが多いですよ！

エチゼンクラゲ

刺胞動物門 Cnidaria
イソギンチャク

口から食べて口から出します

口から食べて、お尻から出す。それが当たり前だと思っていませんか？　ほねなしの世界ではそうでもないようです。たとえばイソギンチャクはその名のとおり、巾着袋のようなとってもシンプルな構造をした生きもの。巾着袋の口は一つしかありません。だから口から食べて、口から出すのです。肛門はありません。巾着袋の中は胃腔《いこう》と呼ばれ、消化吸収はすべてここで行われます。イソギンチャクと同じ刺胞《しほう》動物であるクラゲやサンゴも同じです。

　イソギンチャクは基本的に肉食です。口のまわりを囲むように生えている触手に、刺胞と呼ばれる強力な毒針をもっています。時には自分より大きな魚やカニなども捕らえ、丸呑みにします。とても優秀なハン

ウメボシイソギンチャク

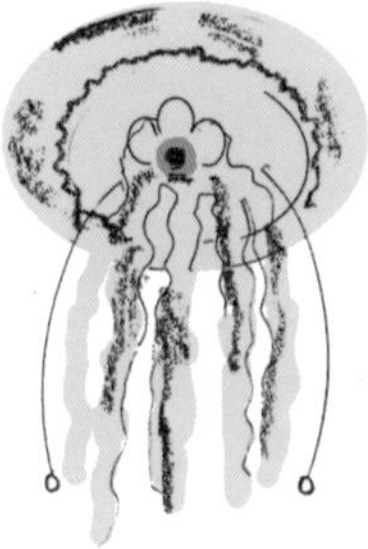

口から子どもも出てくる

ウメボシイソギンチャクという磯でもよく見られる真っ赤なイソギンチャクは、雌雄とも胃腔内で子どもを育てることが知られています。胃腔にある膜の一部がちぎれて胚発生が始まるようです。ある程度の大きさの稚イソギンチャクになると口から吐き出されます。

ターなのです。

磯でイソギンチャクを観察していると、その口からカニの体が半分だけはみ出している…なんて光景に出会うことがあります。お口の中に入りきらなかったのでしょう。入りきらないものや消化しきれない分は当然ベェッと吐き出されます。汚い？もったいない？　しかし、この食べ残しがイソギンチャクほどのハンターではない、ほかの生きものにとって貴重な食料となるのです。

食べられる分だけ食べる。私たちはおいしいものを目の前にすると、ついつい食べすぎてしまうことがありますが、イソギンチャクに食べすぎはないのかもしれませんね。そのおかげで健康的なのか、イソギンチャクはなかなか長寿です！

ありえない FILE NO. 5

苔虫動物門

コケムシ

Bryozoa

まるでブロック!? みんなでつながって いろいろな形に

海には群体《ぐんたい》という形で暮らす生きものがいます。群体生物とは、個虫《こちゅう》と呼ばれる1匹でも生きものとして成り立つものが、分

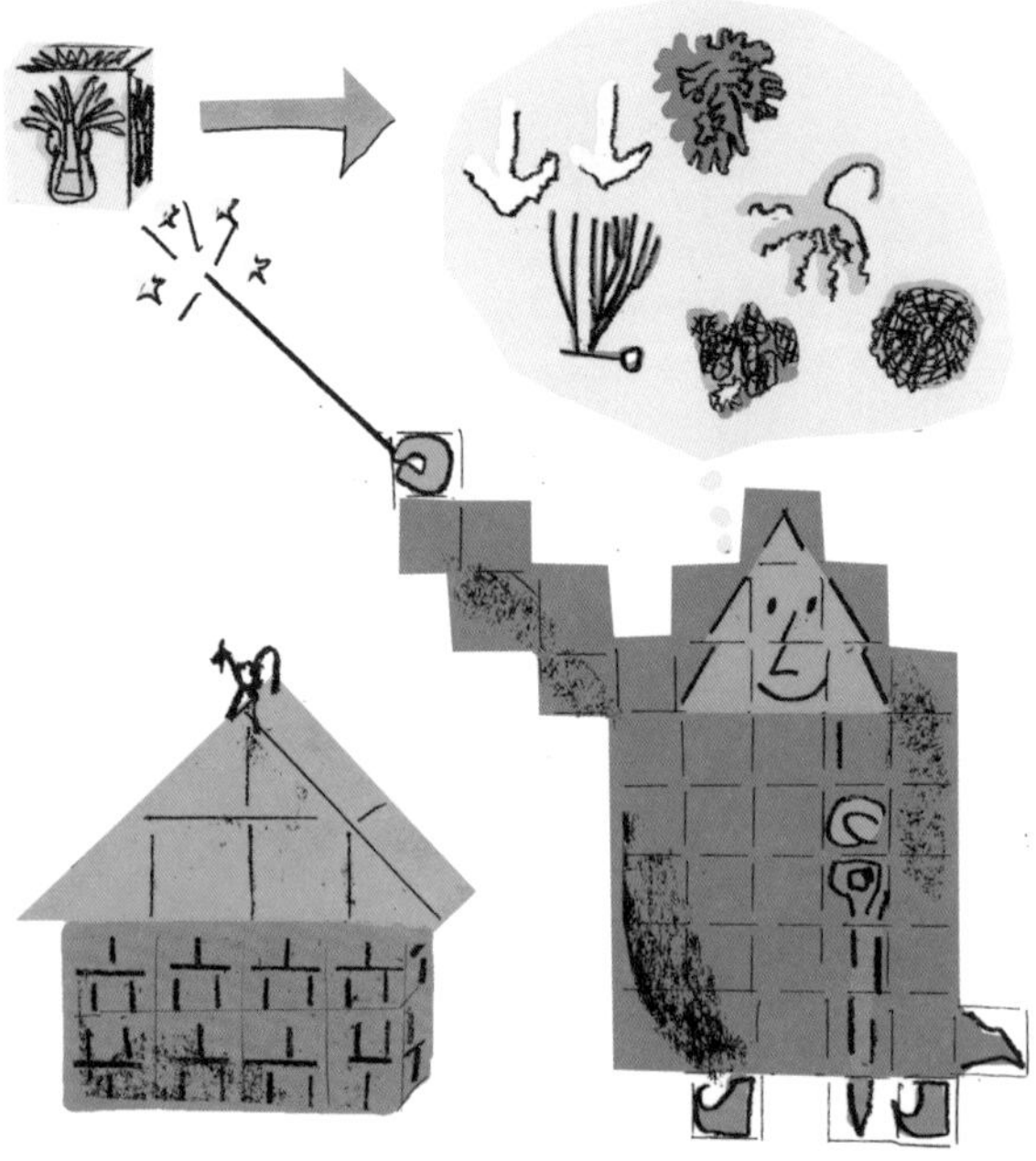

裂でクローンの個虫を増やし、つながったままみんなで暮らす形をとった生きものです。群体をつくる個虫1匹はとても小さいことが多く、群体がまるで一つの生きもののように見えます。

群体をつくる生きものとしては、サンゴなどの刺胞《しほう》動物やホヤなどの尾索《びさく》動物、そしてコケムシと呼ばれる苔虫《こけむし》動物などがいます。サンゴやホヤは、同じ動物門のなかでも1個体で生きる単体性のものと、群体性のものがいて、単体サンゴ、群体ボヤなどと呼び分けられることがあります。しかしコケムシは唯一、群体性のものしかいないグループ！　つまり群体のプロなのです。

群体の形は驚くほど多様です。そのためコケムシはいろいろな生きものに間違えられます。サンゴや海藻に間違えられたり、コケのように岩にシート状に貼りつくタイプがいたり。形はもちろん、硬さや質感までさまざま。同じ形のブロックを使ってさまざまな立体物がつくれるといったイメージでしょうか。

群体生物のほとんどは、同じ形態・機能をもつ個虫の集まりです。しかしコケムシのなかには「君は攻撃専門、君は保育専門、君は体を支える専門」というように、群体のなかで分業を始めた種もいます。こうなってくると群体はもはや一つの社会なのです。恐るべし群体のプロ。

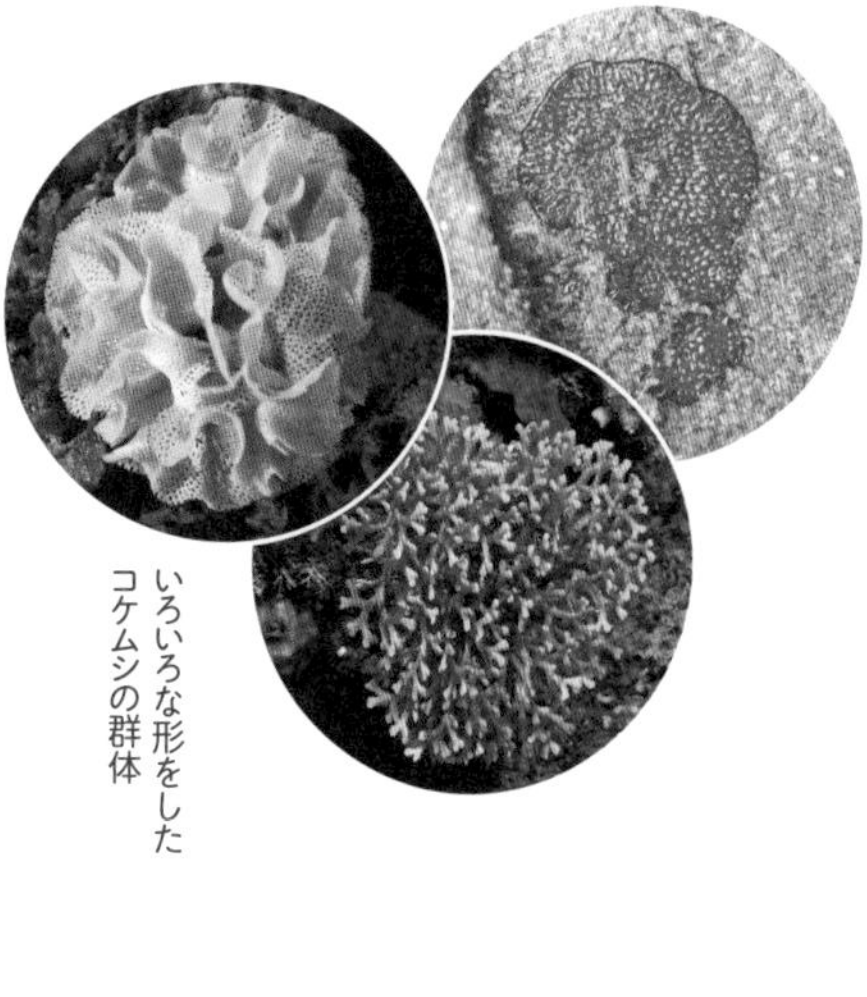

いろいろな形をしたコケムシの群体

淡水のコケムシ

コケムシは淡水にもいます。そのなかでもオオマリコケムシは直径1㎝ほどの群体が大量の寒天質を分泌し、そこに別の群体が複数付着することでさらに大きな塊になります。池や湖に現れるゼリー状の巨大な塊はとても目立つので、「この奇妙なぷよぷよの物体はなんだ？」とたびたび話題になるようです。

骨がないのに骨にしみるコラム 1

世界一大きい動物はほねなし!?

大きい動物といえば？　と聞かれて、多くの人が思い浮かべるのはクジラではないでしょうか。世界最大のクジラといわれるシロナガスクジラは体長が約30mにもなるそうです。世界一大きいのはクジラ。これはもう間違いないでしょう。ただし脊椎動物に限定した場合は。

ほねなしではどうでしょう？　ダイオウイカは有名ですね。日本で揚がるダイオウイカは体長5m前後のものが多いそうですが、世界では全長18mなんて記録もあります。

あとは人間の腸にも寄生することで有名なサナダムシ。サナダムシは扁形《へんけい》動物の仲間です。2021年、タイで人の排泄物から長さ約18mのサナダムシの仲間が出てきたことがニュースになりました。サナダムシはちぎれやすいので、本当はもっと長かったかもしれません。

ちなみにサナダムシという名前は、成体の形が平べったい真田紐に似

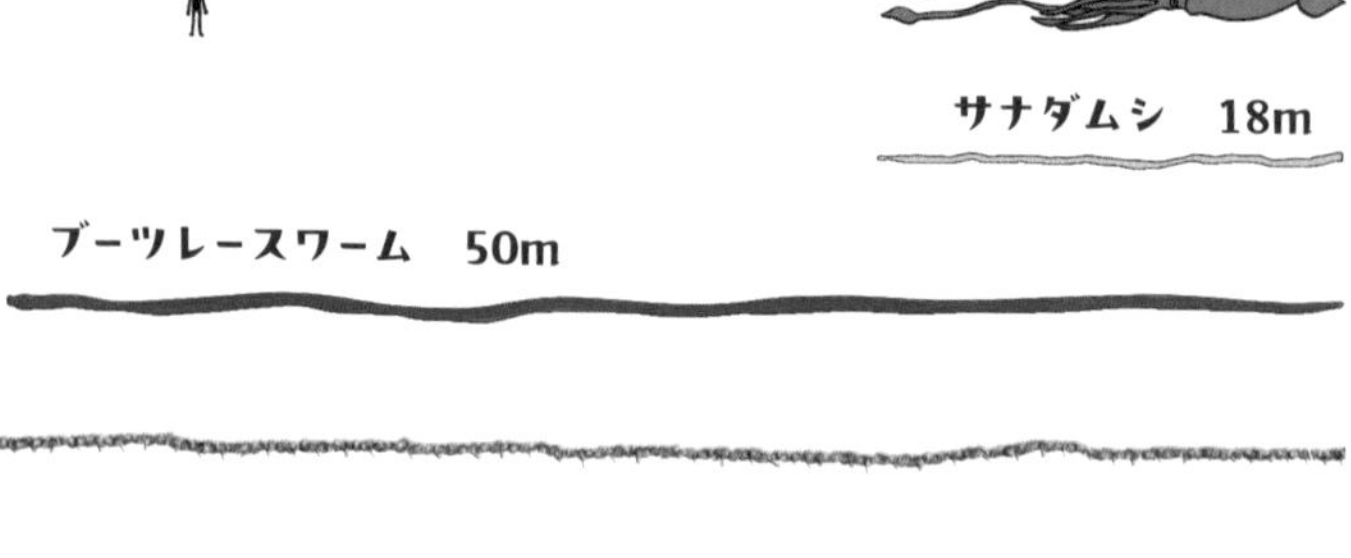
シロナガスクジラ　30m
ヒト　1.5m
ダイオウイカ　18m
サナダムシ　18m
ブーツレースワーム　50m

ていることに由来します。

　そして同じくサナダの名を冠する紐形《ひもがた》動物門のサナダヒモムシは最長記録が7m。日本にはいませんが、サナダヒモムシの仲間のブーツレースワーム（*Lineus longissimus*）は、なんと体長50mに達した記録があります。このヒモムシは寄生性ではなく海底で自由に暮らしていて、ながーい体で移動するわけですが、こんな長い体で自分の体の先っちょまで把握できているのでしょうか。

　しかし、ここでまさかの大きさくらべにエントリーするのがクラゲです！　クラゲといっても群体性《ぐんたいせい》のクラゲ。個虫《こちゅう》（刺胞《しほう》動物の場合、ポリプという）がどんどんつながって管のように長くなることから、管《くだ》クラゲ類と呼ばれます。そんな管クラゲの一種、マヨイアイオイクラゲは全長が40mを超えることもあり、世界最長の動物として知られています。分裂したポリプ分だけ体長が伸びるわけですから、実質どこまでも長くなれるのです。そして、なんと推定120mとされる管クラゲの仲間が無人潜水艇によって撮影されています。

　管クラゲの仲間も分業する群体生物です。有名なのはカツオノエボシという猛毒クラゲ。海面を漂うための浮袋に、生殖をつかさどるポリプ、食事をつかさどるポリプなどがぶら下がっていて、さらにながーい触手をもちます。群体の性質上、この猛毒の触手がどこまでも長くなるのだからたまったもんじゃない。10mとか長いと50mとか…そんな危険なものを伸ばし続けないでくれー！

生きものの長さくらべ

※あくまで長さを比較した図
面積比は実際と異なります。

ありえない FILE NO. 6

貝・イカ・タコ

軟体動物門 Mollusca

やわらかいのに筋肉ムキムキ

貝類やイカ、タコの仲間は、軟体動物門というグループに分類されます。名前そのまま、やわらかい体をもつ生きものだから。実際、やわらかい部分が多い貝類やイカ、タコは私たちによく食べられていますね。では、この私たちが食べているやわらかい部分はなんなのかというと、筋肉です。牛も豚も鶏も、私たちが食べているのは主に筋肉。霜降り肉はおいしいですが、脂のまえに赤身である筋肉が豊富だからおいしいのです。

肉厚のアワビは想像しただけでヨダレが出そうです。アワビなどの巻き貝の仲間は筋肉でできた腹足《ふくそく》を使ってのんびりと這うように動きます。閉じた二枚貝をこじ開けようとした経験はありますか？　ものすごく強力ですよね。おいしいホタテの貝柱も殻を開閉するための大切な筋肉です。

そしてイカやタコはいわずもがな。軟体動物はのんびりとしか動かないものが多いのですが、その進化の過程でイカやタコはすばやく動くという選択をしました。より速くより柔軟に動くため、斜紋筋《しゃもんきん》という無脊椎動物にしか見られない筋肉を進化させています。あの歯応えは屈強な筋肉のおかげなのです。

軟体動物のなかには元々貝殻をもたないものや、貝殻を退化させてしまった種類もたくさんいます。ナメクジ、ウミウシ、クリオネなんかもそうですね。硬い骨格がなくとも体を支えられるのは、しっかりとした筋肉があるからなんですね！

心臓が3個ある

イカやタコの仲間は進化の過程で得た筋肉に、よりたくさんの酸素を送り込むため、心臓が3つもあります。主心臓のほかに左右の鰓（えら）の近くに鰓心臓というものがあります。速く動くためには筋肉があるだけじゃダメなのですね。

アオリイカ

ありえない FILE NO. 7

軟体動物門 Mollusca

ウミウシ

アーティスティックな配色の体

海にはちょっと信じられないような色彩をもつ生きものがいろいろいます。なかでも特にその芸術的才能を爆発させているのがウミウシではないでしょうか。ウミウシは貝殻を退化させてしまった巻き貝の仲間で、英語ではSea slug〈海のナメクジ〉と呼ばれています。日本語で海牛なのは、頭に2本のかわいらしい角があるからでしょう。特にダイビングをする人には大人気の生きものですが、ウミナメクジ（という種はじつは別にいる）という名前だったら、これほど人気は出なかった気がします。ウミウシでよかったね。

さて、このウミウシ、本当にカラフル！　おそらく日本で最もメジャーなアオウミウシを例にあげると、青地の体に黄色ラインと黒の斑点があり、オレンジ色の角とフサフサの鰓《えら》がついています。しかもこれらの色がすべてザ・原色！　という感じのパッキリとした濃い色なんです。子どもの塗り絵かな、と思うくらい。

そんなウミウシがさまざまなカラーバリエーション、模様で、およそ1万種、日本だけでも1200種ほどいるそうです。ウミウシの写真を並べてみると、まぁ本当に鮮やか！　この色とこの色の組み合わせもアリなのか、こんな模様もオシャレだな、なんてアートやデザインに興味がある人ならマネしたくなるような配色がいろいろ。私も着物みたいだなぁと感心しています。しかも昨今のダイビング人気も手伝って、続々と新作（新種）が見つかっているようです。

着飾る理由

ウミウシの派手な色や模様は警告色といわれています。ウミウシは体内に毒素を溜め込むものが多く、「私はマズイですよ〜」と敵にアピールしているんですね。そのため、ウミウシの擬態をする生きものが現れます。ヒラムシやヒモムシ、ナマコなど動物門の枠を超えてさまざまな動物がエントリーしています。

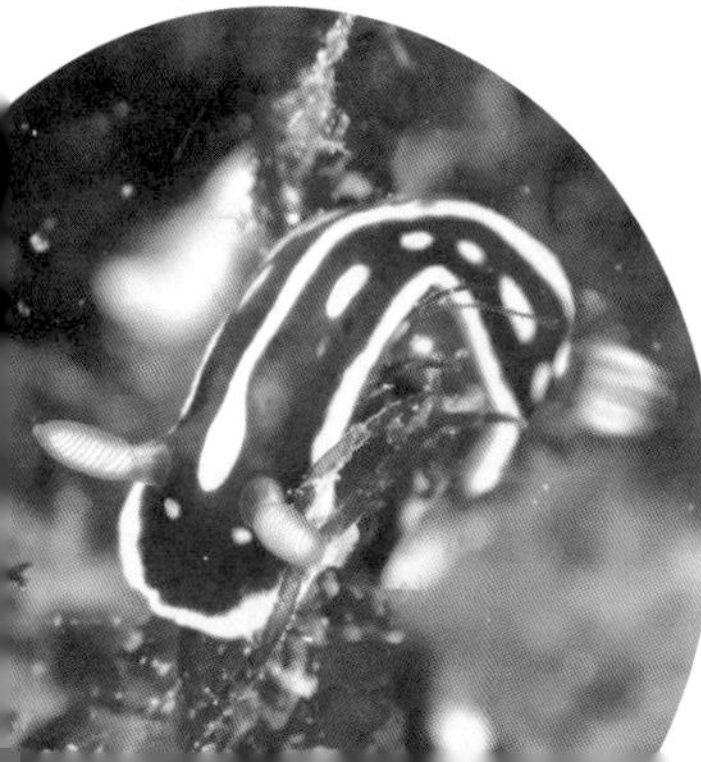

アオウミウシ

ありえない
FILE NO.
8

軟体動物門
イカとタコ①
Mollusca

頭から足が生えています

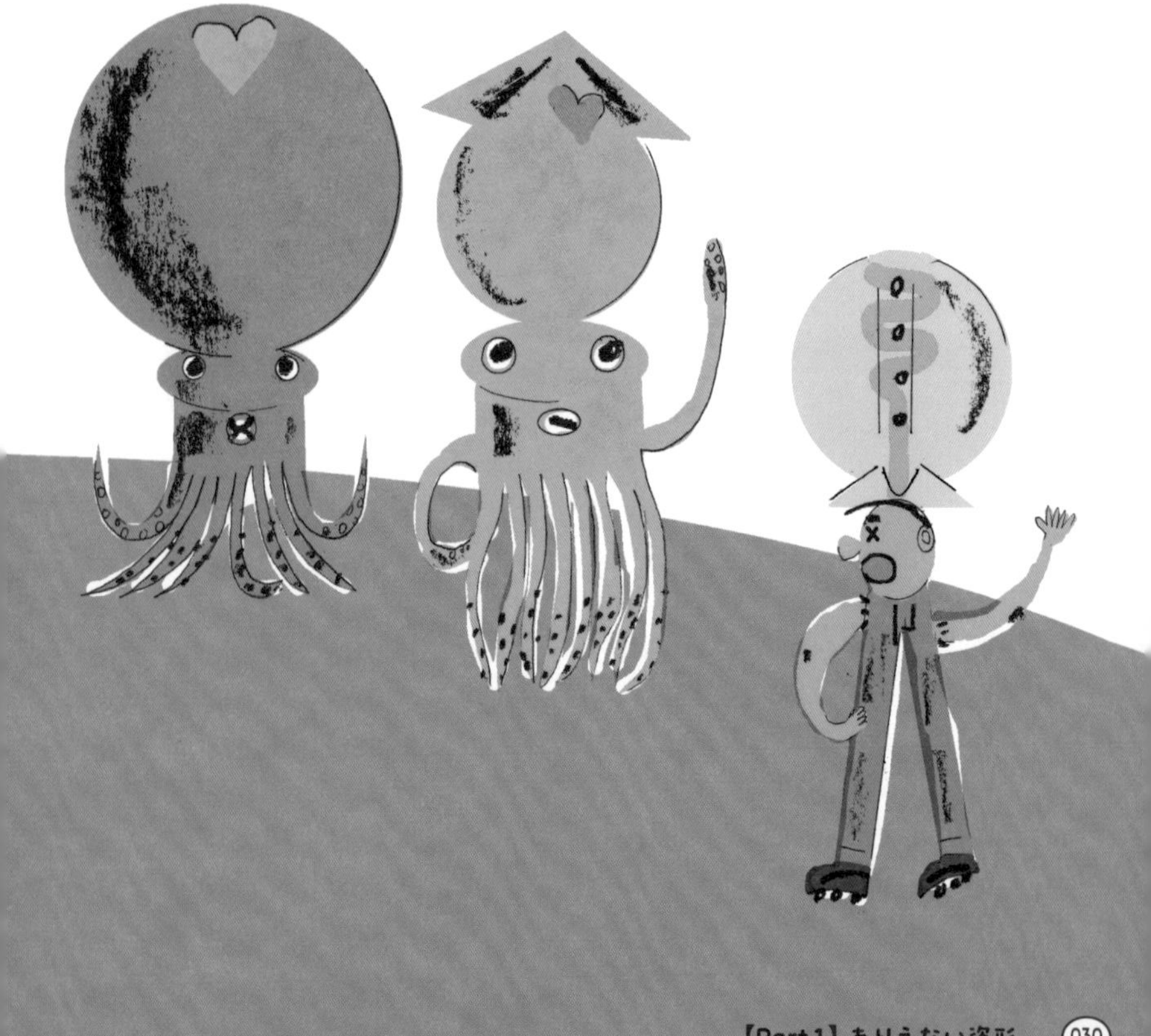

イカやタコの仲間は専門的には頭足《とうそく》類と呼ばれます。頭足？　どういうことでしょう。私たち人間を含む多くの生きものの体は、上から頭↓胴体↓足（腕）の順に並んでいます。当たり前でしょ、イカやタコも同じでしょ！　と思いましたか？　人間では、頭とは脳や目や口がある部分、胴体とは消化器官などの内臓が入っている部分ですね。

イカやタコにとっての内臓が入った胴体は、頭のように見える大きな丸い袋状の部分や三角のヒレがついた部分です。頭でっかちの生きものかと思いきや、実際の頭は目がついたほんのわずかな部分だけ。口は足の付け根の真ん中にあり、なんとそこから胴体に向かって、目の間と環状の脳の真ん中を食道が通っています。口のまわりから足や腕が生えていて、食べた物が両目の間とドーナツ形の脳の穴を通過していくと思ってください。そう考えると、イカやタコの体は足↓頭↓胴体の順番で構成されているのです。手元にイカやタコが載っている図鑑があれば、ぜひ開いてみましょう。足が上の状態で掲載されているはずです。

イカやタコは宇宙人の姿に用いられることがありますが、頭から足が生えているなんてまさに宇宙人！　実際に生きているときは横向きの体勢や、タコなら頭（目）を持ち上げた体勢でいることが多いのですけどね。これも海という浮力がある世界で進化した生きものならではのカタチなのです。

マンガで描かれるタコの口の正体

タコやイカはひょっとこのような突き出した口に描かれることが多いですね。あれも勘違いされやすいのですが、口ではなく漏斗と呼ばれる部分です。墨を吐いたり、外套膜に含んだ水をジェット噴射して泳ぐのに使われます。

（上）アオリイカ
（下）スルメイカの口

ありえない
FILE NO.
9

軟体動物門　Mollusca
イカとタコ②

かくれんぼの達人！自由自在な変身術

忍法隠れ身の術！　壁の柄にそっくりな布をまとって、敵から身を隠す忍者に憧れる子どもは多いですよね。イカやタコの仲間は、まさにこの忍法の使い手です。それも道具を用いずに自分の体だけでやってしまうのです。

擬態する生きものはたくさんいます。たとえば岩にそっくりなオニオコゼや、海藻にそっくりなワレカラなど。本当にそれと見紛うような体をもつ生き

ものには惚れ惚れしてしまいます。しかし、イカやタコがすごいのは瞬時にさまざまな色や模様に変化できること。タコは岩になったり海藻になったり、周囲に溶け込むのがとても上手です。イカは擬態以外にも体色変化をさまざまな用途で使っていて、体の右半分でオスを威嚇《いかく》しながら左半分ではメスに求愛するといったように、センターで体を色分けする、なんてこともやってのけます。

その秘密は色素胞《しきそほう》という細胞にあります。1つの色素胞の中には1色の色素が入っていて、その色素を細胞内で収縮させることで色を調節します。この「広げろ!」「縮めろ!」という指示は神経を通じた電気信号によるもの。そりゃあ早いわけです。色素胞は皮膚で何層にも重なっていて、それでより複雑な色も表現できます。この数種類の色を組み合わせて多様な色を出す仕組みは、テレビや印刷で色を出す方法と一緒なのだそう。イカがその気になれば体表面でプロジェクションマッピングみたいなことができたりするかもしれませんね。

じつは色があまりわかっていない?

めまぐるしくさまざまな色に変化するイカと違って、タコの体色変化はやや地味な気がします。底生のタコは擬態するものが岩や海藻などそもそも地味なものが多いからかな? と思ったけれど、どうやらタコ自身はあまり色の区別がつかないそうです。

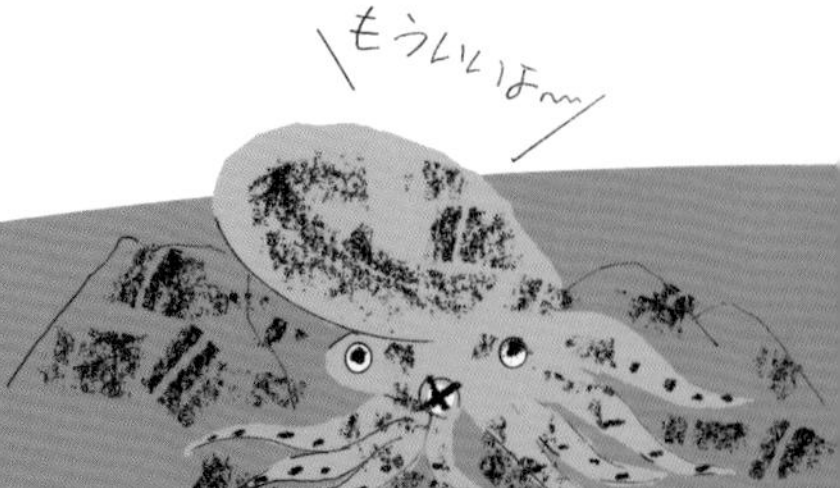

擬態するタコの仲間

ありえない
FILE NO.
10

節足動物門 Arthropoda
ウミグモ

究極のスリムボディ！胴体と脚の太さが同じ

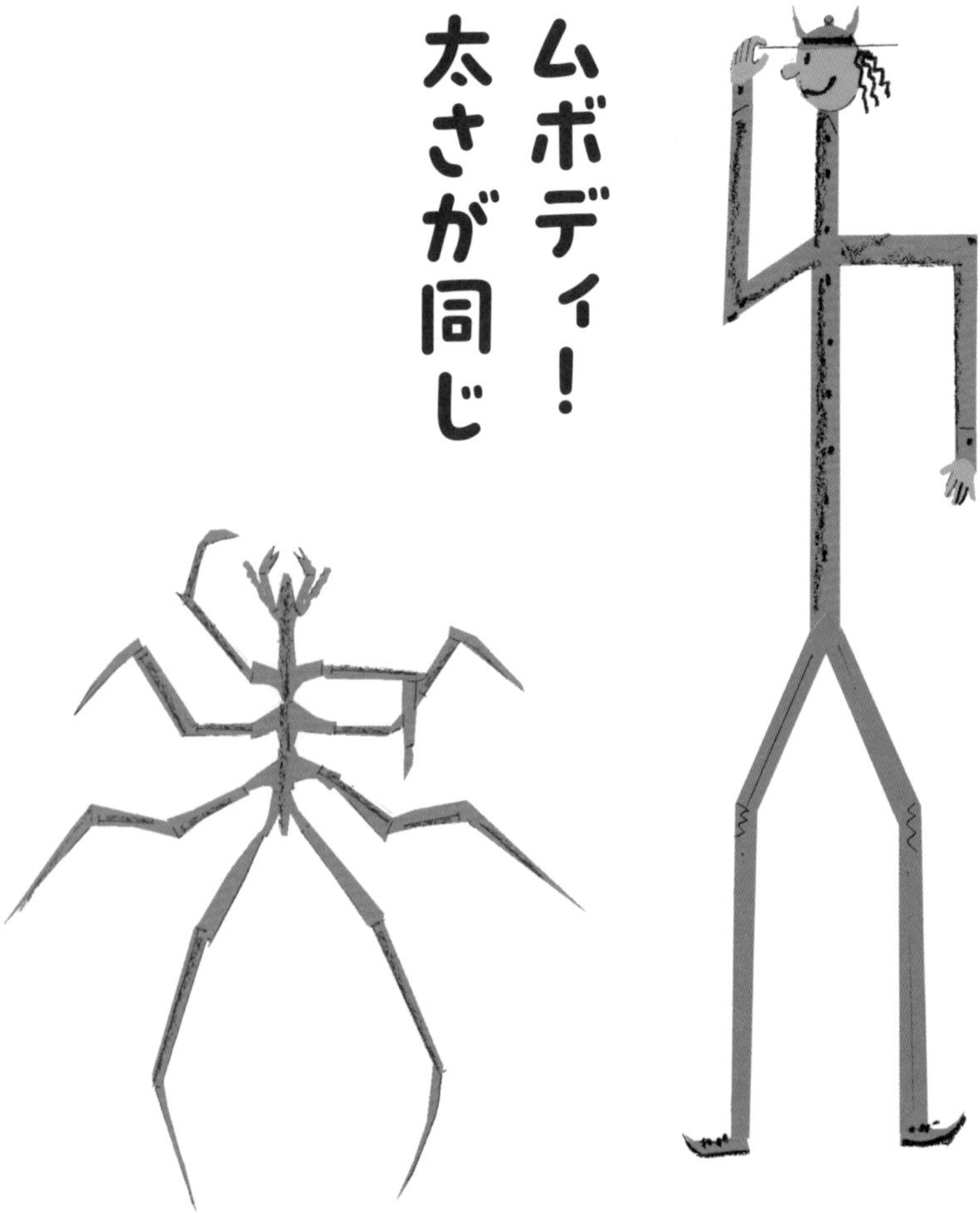

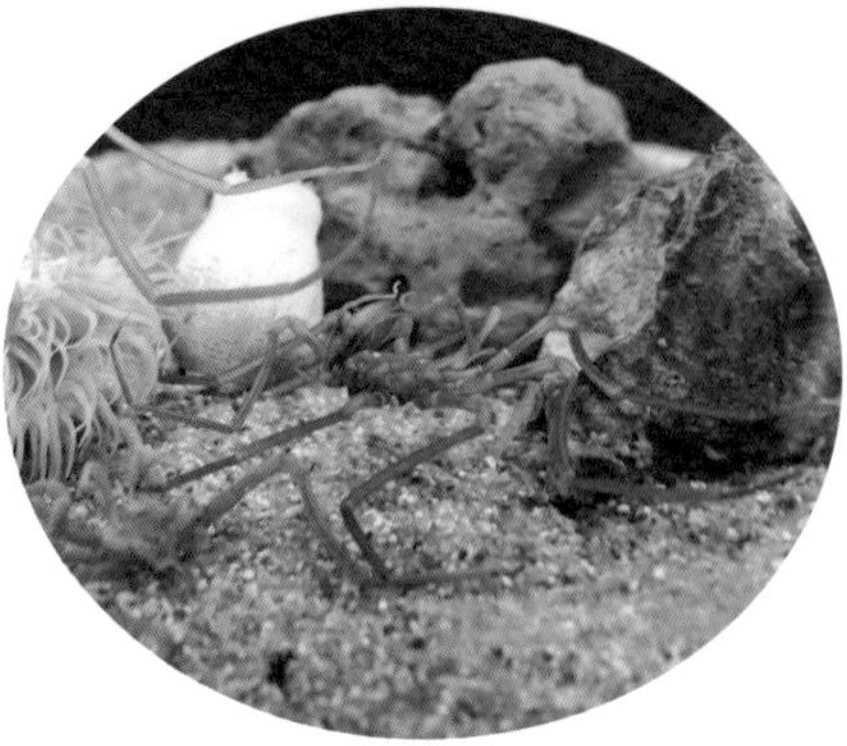

ウミグモの仲間

ウミグモという生きものがいます。その名のとおり見た目は8本脚で、海に棲んでいるクモ。ウミグモも陸のクモも、同じ節足動物の仲間です。しかし陸のクモは、さらにクモ形類というグループに分類されるのに対し、ウミグモはウミグモ類というグループに分類されます。名前も見た目も似ているのですが、ちょっと違う。クモ（脚8本）やダンゴムシ（脚14本）は昆虫（脚6本）じゃないよ！　というぐらいの違いです。

　さて、このウミグモ。特徴はなんといってもその体の細さ。長い脚が8本。そしてその脚とほとんど同じ細さの胴体。すべてが脚のように見えることから、皆脚《かいきゃく》類と呼ばれることもあります。リアル棒人間みたいなものだと思ってもらえばいいでしょうか。体のほとんどが脚なんて、もはやエイリアン！　皆脚類の名に恥じぬ究極のスリムボディです。

　さらに驚くべきは、胴体が細すぎて内臓が収まりきっていないこと。そのため脚の中にも内臓が入っている、世にも不思議な生きものなのです。消化器官や生殖器官も脚にあるので、卵も脚から産むらしい！

　こんな生きものが世界に約１３００種もいます。その多くはヒトの小指の爪にも満たない小さなサイズです。でも深海にいる世界最大のウミグモ、ベニオオウミグモは脚を広げると70㎝ほどになるそう！　そんなのに出会ってしまったら、さすがに私でも怖くて逃げてしまうかもしれません〜。

内臓の位置もいろいろ

ヒトデも5本の腕に消化器官や生殖腺などさまざまな内臓が入り込んでいます。そもそもヒトデの胴体はどこだ？　という感じですが、腕や脚の数が増えると器官を分散させたくなるのでしょうか。じつは内臓は入ればどこでもいいのかもしれませんね。

ありえない FILE NO. 11

節足動物門 Arthropoda

フジツボ

まったく似ていない親子

カエルの子はオタマジャクシ、チョウチョの子はイモムシ。子ども（幼生）から大人（成体）になる過程で姿形をつくり変えることを変態といいます。陸では変態をする生きものは珍しいかもしれませんが、海では逆。海のほねなしの多くは変態をしながら成長します。それも何段階も経

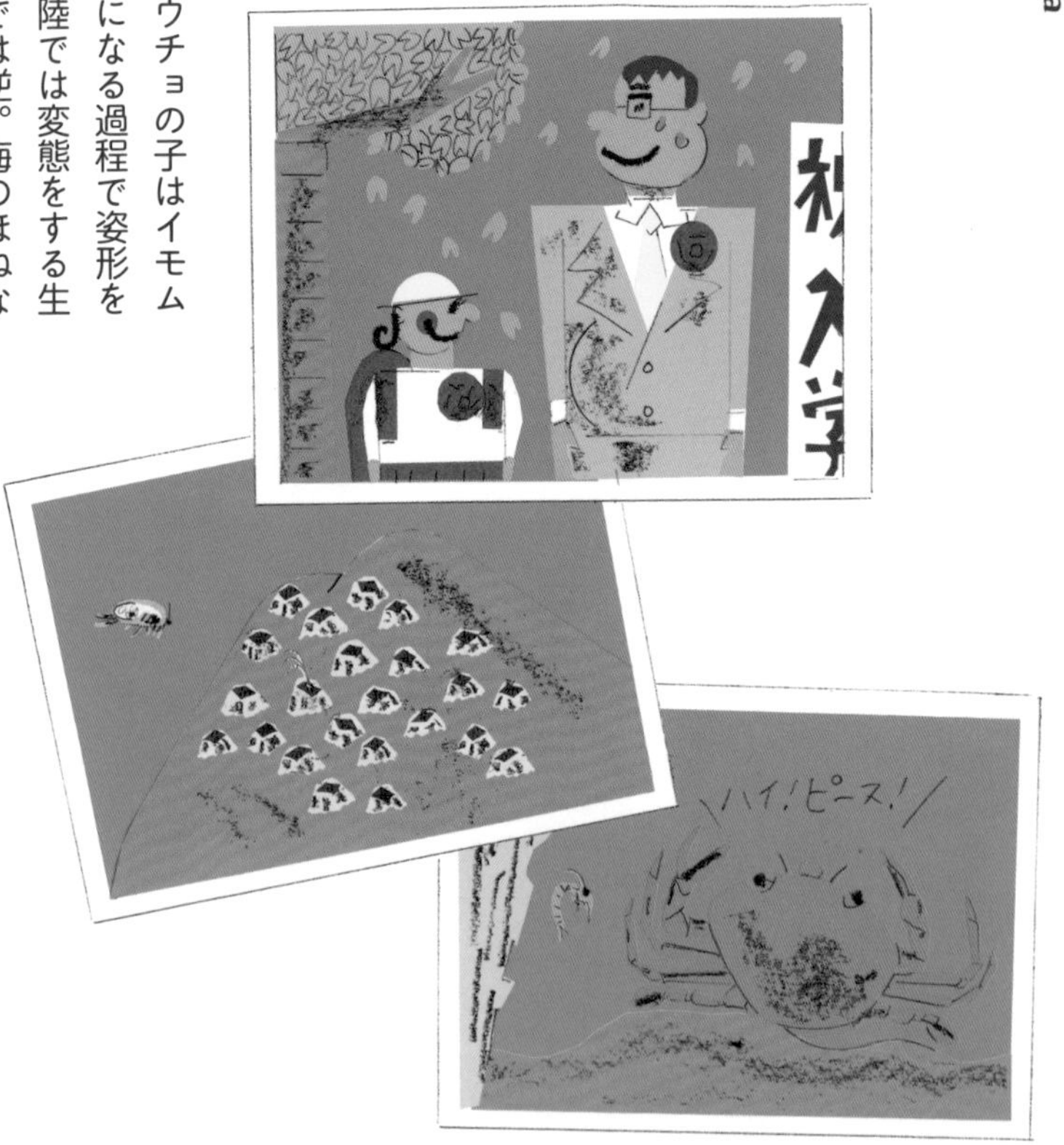

ることがあります！

　たとえばクルマエビ。卵↓ノープリウス幼生↓ゾエア幼生↓メガロパ幼生↓稚ガニという変態パターンがスタンダードです。だんだん親に近づいてはくるものの、最初の頃は知らなければカニの子どもとはわからないでしょう。

　フジツボという岩に張り付いている火山のような形の生きものがいます。種類によって形は多少異なりますが、この仲間に共通するのは硬い殻をもち何かに付着していること。硬い殻、そして動かない。この2つの特徴からフジツボはよく貝に間違えられます。研究者たちでさえ19世紀中頃まで貝の仲間に分類していました。しかし、じつはエビやカニと同じ節足動物の甲殻類です。それを証明したのが、フジツボの子どもです。

　フジツボを育てていたところ、なんと甲殻類の幼生として有名なノープリウス幼生が出てきたと。さらにその後、ノープリウス幼生↓キプリス幼生（付着場所を探すのに特化した幼生）↓着底後フジツボに変態！　という過程が観察できたのだそう。この観察があって、やっとフジツボは甲殻類と認められたのです。

海の生きものが変態する理由

なぜ海の生きものの多くは変態するのか？　幼生の多くは数ミリ程度でそのほとんどが海を漂うプランクトンです。海中には大小さまざまなものが含まれていますから、餌には困りません。プランクトンとして漂うことで生息範囲を広げることもできます。付着生物にとって移動できる幼生期はとーっても重要です！

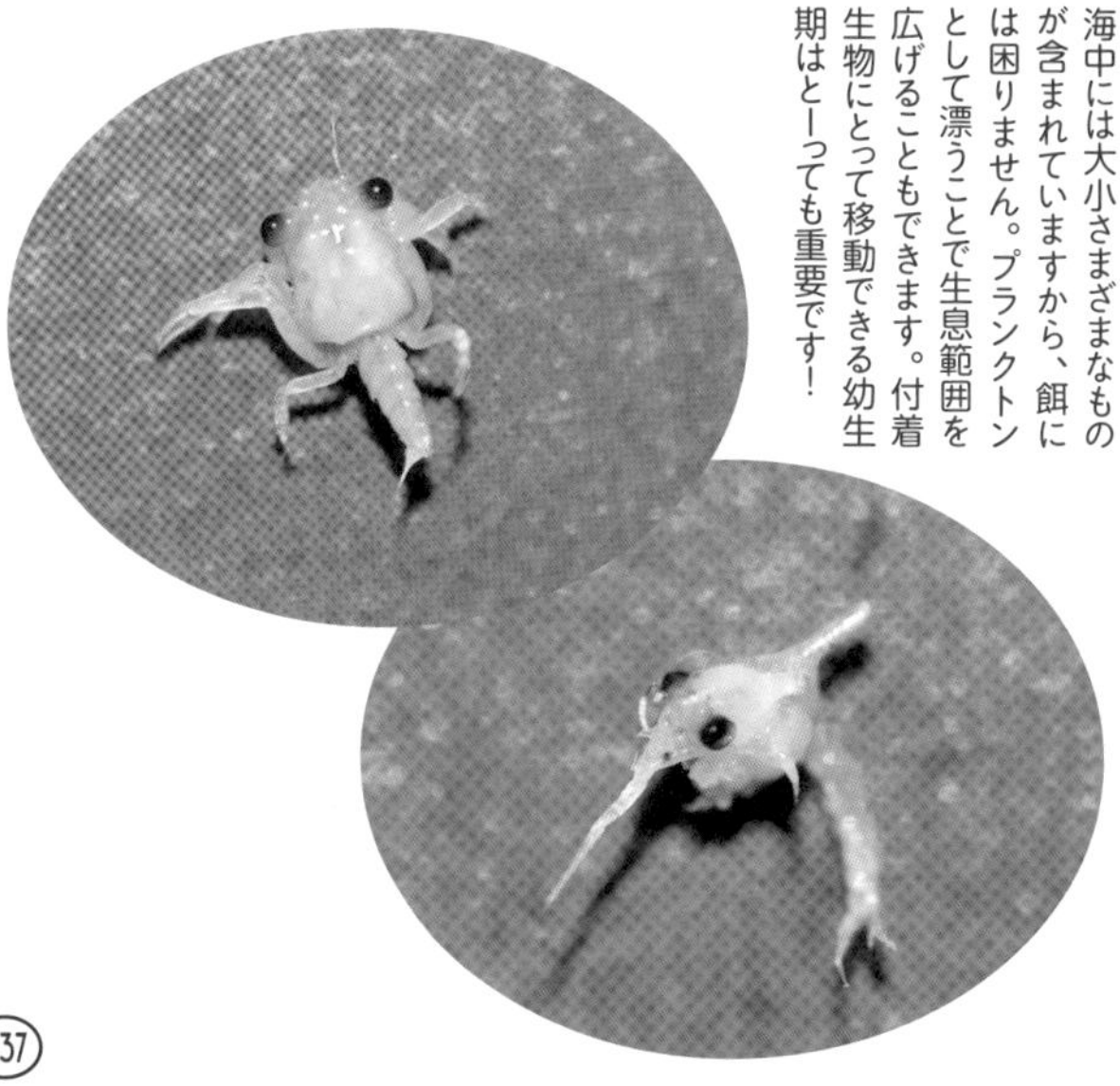

カニの子ども。ゾエア幼生（右）とメガロパ幼生（左）

ありえない FILE NO. 12

節足動物門 Arthropoda

フクロムシ

最小限の体で生きていく

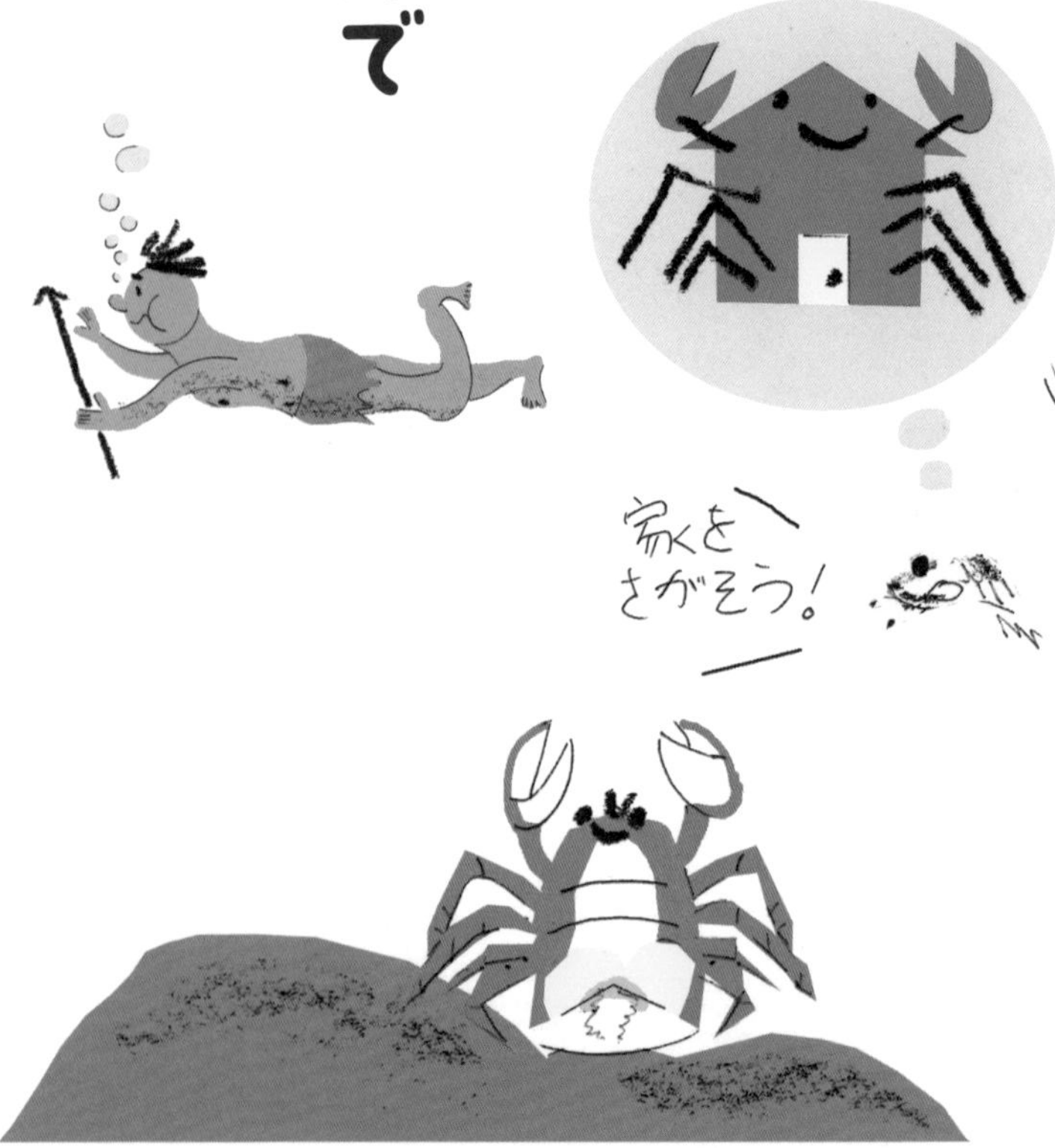

宿主の性をも操る

フクロムシは宿主を去勢することも知られています。フクロムシが寄生するのはカニのメスが卵を抱えるお腹の部分。卵を産まれてしまうと困るし、繁殖に使うエネルギーを温存させることで長生きさせます。ちなみにオスはメス化させて体型変化をうながし、偽卵（自分）の世話までさせるそうです。おそろしや。

カニに寄生するフクロムシの仲間

寄生や寄生虫という言葉に嫌なイメージをもつ人は多いと思います。でも、寄生は生きていくうえでとても重要な「食べること、身を守ること」という2つの問題を簡単にクリアできちゃうとっても有効な生存戦略。だから寄生という生活様式はあらゆる動物門に見られます。

安全な居場所と食料が保証された生きものは、戦う必要も動く必要もありません。すると体の構造は、どんどんシンプルになっていく傾向があります。その究極の形ではないかと思うのが、フクロムシという生きもの。エビやカニに寄生する、その名のとおり袋のような形の生きものです。

フクロムシは栄養を得るためカニの体内に張りめぐらせた根っこのような部分と、カニのお腹に卵のようにくっついた袋状の部分からできています。この袋の部分はなんとまるごと生殖器官。卵巣と卵が詰まっているだけ。つまり栄養を吸い上げる根っこと、生殖器官しかない。目や口はもちろん、消化器官さえもありません。とにかく繁殖特化！　とても生きものとは思えませんが、ほぼ生殖器官という体で立派に生きています。

さらにおもしろいのがこのフクロムシ、寄生するカニと同じ甲殻類だということ。カニのように複雑な構造をつくれる遺伝子をもっているはずなのに、ここまで必要最少限におとしこむとは。究極のミニマリストともいえるかもしれませんね！

ありえない
FILE NO.
13

カニ
節足動物門 Arthropoda

乾燥や水圧に耐える強靭な体の秘密

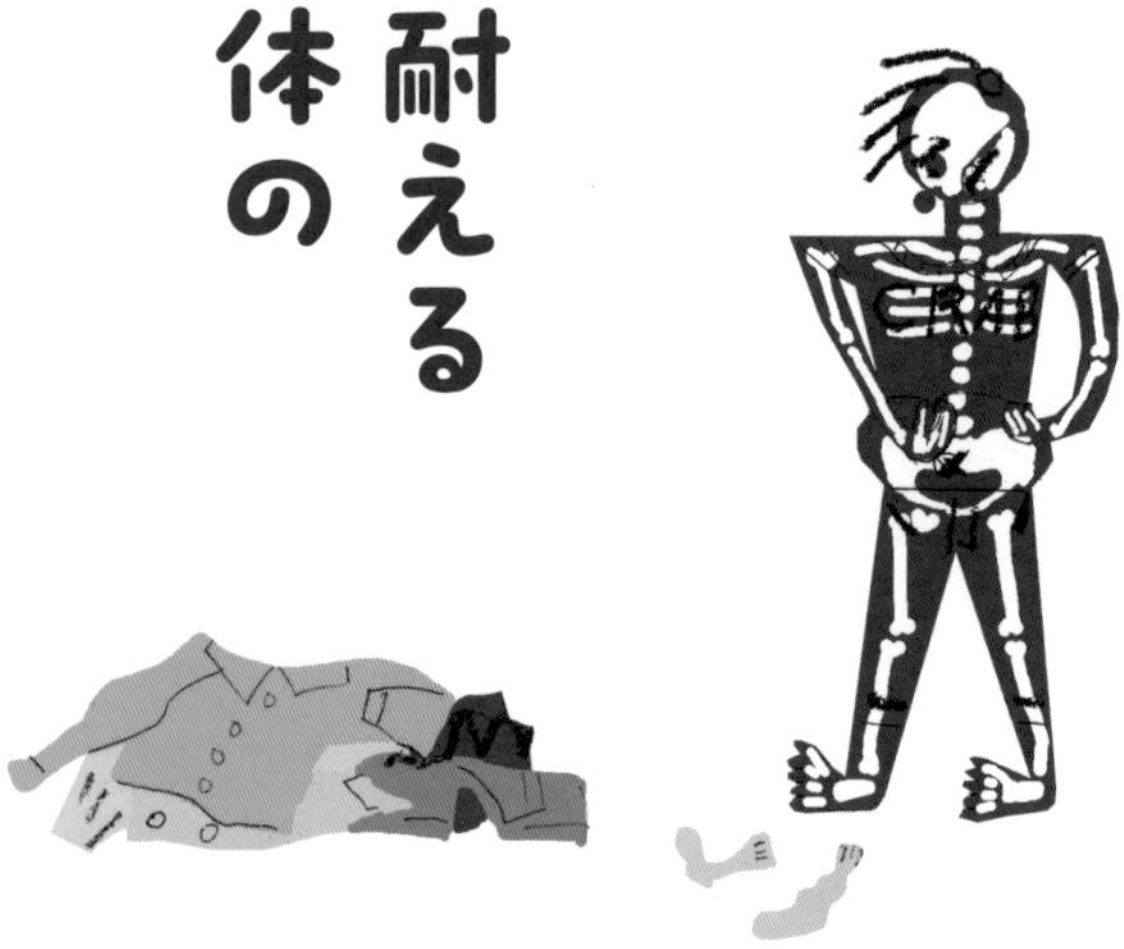

海にはほねなしがたくさんいることはわかったけど、陸上はやっぱり脊椎動物がほとんどだよね、と思う方も多いのではないでしょうか。浮力がある海とは異なり、陸では重力の影響を強く受けます。体をしっかりと支えることができる背骨をもつ脊椎動物が繁栄したのは必然だったのかもしれません。しかし、もう一つの存在を忘れてはなりません。陸上どころか地球上で最も繁栄しているのが、エビやカニ、そして昆虫などを含む節足動物です。なんと動物の全種数の8割は節足動物。地球は「節足動物の星」といって過言ではないのです。

陸上の重力・乾燥、そして深海の水圧にも耐えるのは、内側から支え

体を覆う頑丈な鎧

世界最大のカニ、タカアシガニは脚を広げると最大4mにもなります。これだけ大きくなれることにも驚きですが、深海の生きものは一般的に深海から引き揚げると、水圧や水温変化のダメージにより、弱って死んでしまうことが多い。でもタカアシガニは水族館などでふつうに展示されています。外骨格、強い！

ヒライソガニの脱皮殻

る背骨とは真逆の外骨格！　つまり外側を硬く固めることで体を支えています。カニの甲羅を触ったことはあるでしょうか？　ツルツルでなかなかの強度です。しかも軽い。密閉度も高いから乾燥も水圧もへっちゃら。身を守るのにも最適。確かに最強かもしれません。

　しかし外骨格には一つ大きな弱点があります。自分の体にピッタリの硬い鎧《よろい》を着ているようなものなので、脱皮をしないと大きくなれないのです。成長のたびに硬い鎧を脱ぐのはなかなかの苦労。うまく脱げずに死んでしまったり、体がやわらかい脱皮直後に敵に襲われてしまったりします。内骨格と外骨格、それぞれに長短があるようです。

ありえない FILE NO. 14

ヒトデ

棘皮動物門　Echinodermata

目より"鼻"で世界を見る

　ヒトのコミュニケーションにおいて目はとても重要です。キラキラした目やつぶらな目をした動物にはとても親しみを感じますよね。でも、ほねなしにはそもそも顔らしい顔がない。目さえもない、ということが多い。ほねなし人気が出ない理由の一つはここにあるのではないかと思っています（泣）。

　私「ひとでちゃん」の代名詞、ヒトデにも顔らしい部分はありません。キャラクターにするときは星形の真ん中に目や口をつけられがちですが、これはファンタジー。本当は5本の腕の先端に小さな眼点《がんてん》と呼ばれる光を感じる器官がついています。人間のようにハッキリとした像が見えるわけではなく、明暗がわかる程度といわれています。

しかしこれも陸と海では環境が違うからこそ。視界が広く視覚が優位になる陸とは異なり、海は化学物質が漂う世界。ほねなしは化学物質を受け取る感覚器官が発達した生きものが多いです。とてつもなく広い海において獲物の匂いを嗅ぎつけたり、恋のお相手を見つけたりする精度は驚くべきもの。おおよそ私たちには想像もできないレベルと考えていますが、あえて例えるならば隣町のラーメン屋が開店したのを瞬時に嗅ぎつける…ような感じでしょうか。ちなみにヒトデは、移動したり岩に張りついたりするための〝管足〟と呼ばれる腹側にたくさんある「足」が化学物質の受容も担っています。足で匂いをキャッチするって、どんな感覚なのでしょうね？

イトマキヒトデ

ヒトデは全身が頭？

2023年、この原稿を執筆中に「ヒトデは歩く頭だった！」という論文が出ました。大人のヒトデで発現している遺伝子はほとんどが頭部由来のものだったそうです。胴体の遺伝子は発現していないらしい。5つの頭がくっついているような状態。ますます奇妙な生きものになりました。

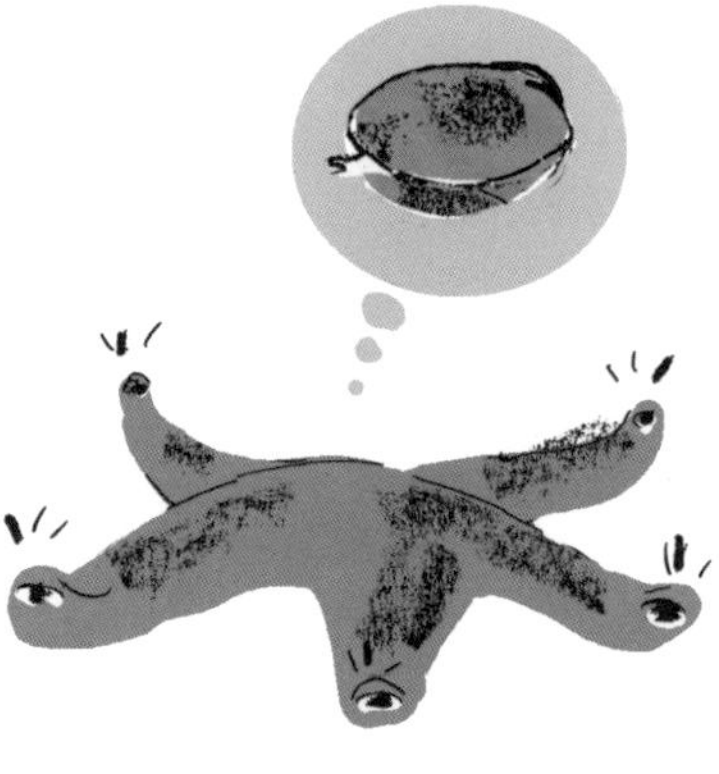

骨がないのに骨にしみるコラム 2

片手一杯の砂の中の「未知の世界」

「動物は背骨のある脊椎動物だけではないよ。ほねなしのほうがずっと多様でたくさんいるんだよ」と伝えたくてこの本を書いていますが、ほねなしが認知されにくい理由の一つに、顕微鏡サイズ（だいたい5㎜以下）の小さな動物が多いことがあげられます。

さらに1㎜以下の底生の動物たちを総称してメイオベントス（小型底生動物）と呼びます。全34の動物門のうち、7動物門（平板《へいばん》・腹毛《ふくもう》・顎口《がっこう》・微顎《びがく》・動吻《どうふん》・胴甲《どうこう》・緩歩《かんぽ》動物）は全種がメイオベントスです。さらにメイオベントス種を含むとなると23動物門にもなります。動物門が違うということは、それぞれが独自の体の構造をもつということ。これがまたそれぞれカッコイイ。Ｐａｒｔ4で紹介しているので、ぜひ見てください。

底生の小さな動物たちは海底の表面や砂粒の隙間に暮らしています。その生物量は多く、片手一杯の砂に数万匹いることも。あなたが海辺で眺める砂浜は多種多様な生きもので溢れかえっているのです。また、これらの生きものはまだまだ研究が進んでいません。未知なる種がたくさんいることが確実な、夢のある分野でもあります。今日知った小さな動物を一つでもいいから調べてみてください。普段は目に見えない小さな世界が、いかに豊かでおもしろいか実感できるでしょう。

日本メイオファウナ研究会
https://sites.google.com/site/meiofaunajapan/
メイオベントスに興味がわいたら
このサイトをチェックしてみよう!

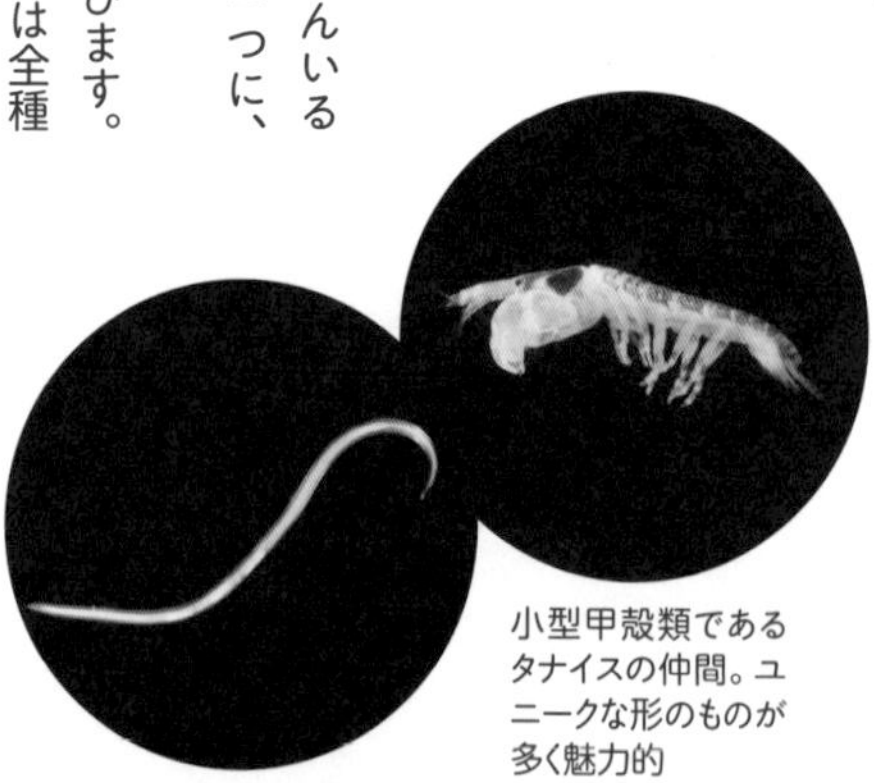

小型甲殻類であるタナイスの仲間。ユニークな形のものが多く魅力的

メイオベントスの線虫

Part

2

ありえない生態

動かずに栄養をとったり、
ほかの生きものを利用して
エネルギーを得たり、
生き方もいろいろ。
外敵から身を守るために
驚くような技を編み出したものも
います!

ありえない FILE NO. 15

海水を飲むだけでお腹いっぱい

カイメン

海綿動物門 Porifera

寒い冬、身のまわりのものを全部手の届く範囲に置いてコタツに立て籠もる。もう動きたくない。でも問題は食料です。息を吸って〜吐いて〜。あ〜お腹いっぱい！ にはなりませんね？ おいしい空気と感じることはあっても、お腹は満たされませんから、陸で生きる私たちは残念ながら移動する必要があります。

ところが海というのは小さなものから大きなものまで、さまざまなものが溶け込んだ濃厚スープのようなもの。体内に海水を取り込む術や小さな生きものを捕まえる術さえあれば、お腹を満たすことができます。流れによっていつでも新鮮な海水がめぐってきますから、その場から動く必要もありません。だったら一生動かなくていいじゃない！ という生き方を選んだのが固着（付着）動物たちです。

固着性の動物は海にしかいません。さらに私たちは「動物は移動するもの」と思い込んでいるので、固着動物は非常に認識されづらい。とりわけスポンジこと海綿動物は見た目にはまったく動きがなく、とても動物には見えません。でも体の中には水流を起こす鞭毛《べんもう》がついた細胞がたくさん！ 海水は入水口と呼ばれる体中に開いた小さな孔から体内に入り、大きな出

大型のミズガメカイメン

サンゴも動物

おそらく最も有名な固着動物はサンゴでしょう。でもほら「サンゴって植物じゃないの？」と思ったでしょ？　移動はしないけど、まったく動かないわけではありません。固着動物の多くは海水中のプランクトンを捕まえるための触手や脚をもっていて、餌をとるときはそれらをしきりに動かす様子が観察できます。

水口から出ていきます。カイメンが食べるのはプランクトンよりもずっと小さい有機物と呼ばれる粒子。天然の濾過装置といえるでしょう。常に新鮮な海水が流れ込んでくるカイメンの体内には、おこぼれにあずかろうとさまざまな生きものが共生しているのもおもしろいところです。

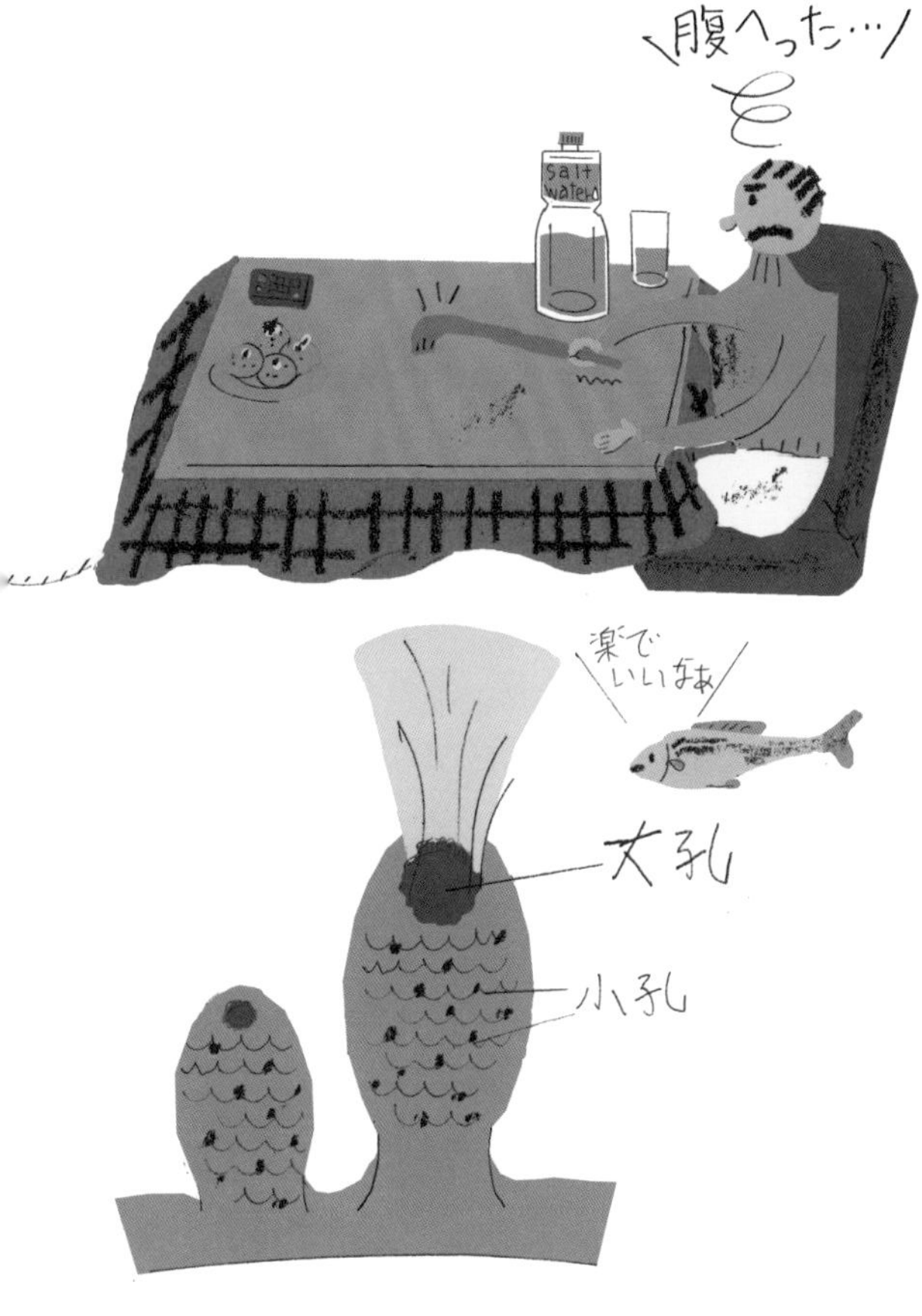
腹へった…
salt water
楽でいいなぁ
大孔
小孔

ありえないFILE NO. 16

刺胞動物門 Cnidaria

タコクラゲ

お仕事は"日向ぼっこ"の

お天気がいい日はポカポカの日向ぼっこ。そんなのんびりとした暮らしは余裕があるときだけだって？　いやいや、褐虫藻《かっちゅうそう》と共生すれば毎日だって可能かもしれません。

褐虫藻というのは、光合成をする褐色の小さな単細胞の藻類です。海のほねなしのなかには、この褐虫藻を体内に共生させるものがいます。これらの生きものは褐虫藻に棲み家（自分の体）と光合成に必要なもの（二酸化炭素など）を提供する代わりに、光合成で得られた栄養を分けてもらっています。だから自分で餌をとらなくても大丈夫！　褐虫藻を太陽の光に当ててやるだけでよいのです。おそらく最も有名なのは造礁《ぞうしょう》サンゴの仲間。サンゴが南の浅い海に多いのは、褐虫藻が光合成できるぐらいの日の光が必要だからです。

また、同じく褐虫藻を共生させているタコクラゲというクラゲは、日の当たる場所を求めて移動します。大量のタコクラゲが生息していることで有名なのが、パラオ共和国のジェリーフィッシュレイクという海水湖です。海水湖という特殊な限られた空間で、数百万ものクラゲの集団が太陽の動きにあわせて移動していく様子は圧巻！　そして日が沈むとおやすみ～とばかりに解散するのです。

羨ましいのんびりライフ。褐虫藻との共生生活はいかがですか？　体がちょっと褐色になるかもしれないのと、よく晴れる場所じゃないと辛いかもしれないだけです。

サンゴの白化

造礁サンゴもタコクラゲも褐色（黒～黄色っぽい茶色）をしています。これは体表面1㎡あたり数百万匹もいる褐虫藻の色です。そのため体内から褐虫藻が少なくなると、白くなります。サンゴの白化というのはまさにこの現象。海水温の上昇などで居心地が悪くなると、体内から褐虫藻が出ていってしまうのです。

パラオのタコクラゲ

のんびりライフ

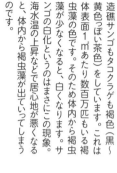

ありえない FILE NO. 17

クラゲ

刺胞動物門 Cnidaria

触れるだけで毒針が飛び出す超特殊器官

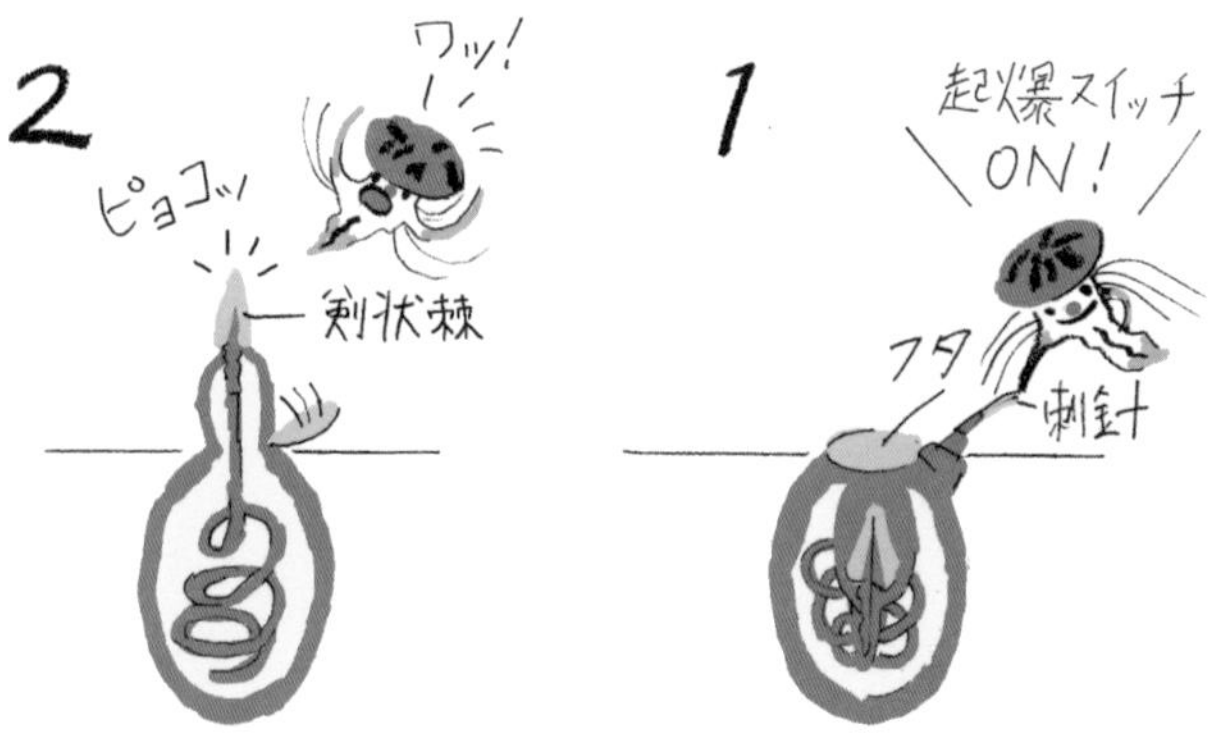

クラゲは刺す！　というのは周知の事実でしょう。でもクラゲってぷよぷよしていて目立つ棘《とげ》などもないし、見た目はあまり危険そうじゃない…なんで刺されるの？　と思いませんか？　さらに、クラゲやサンゴ、イソギンチャクは同じ刺胞《しほう》動物門の仲間ですが、どうして仲間なのかを説明するのが難しい。この2つの疑問を一気に解決してくれるのが、〝刺胞〟という超特殊器官です！

　刺胞動物門に属する生きものは刺胞をもっているのが最大の特徴。簡単にいうと刺胞は毒針のことなのですが、ただの毒針ではありません。胞《ほう》、つまりカプセルの中に入っているのです。カプセルの外側には外からの刺激を感知する小さな棘がついています。この起爆スイッチのような棘が押されると、収納されていた刺糸《しし》と呼ばれる毒針が

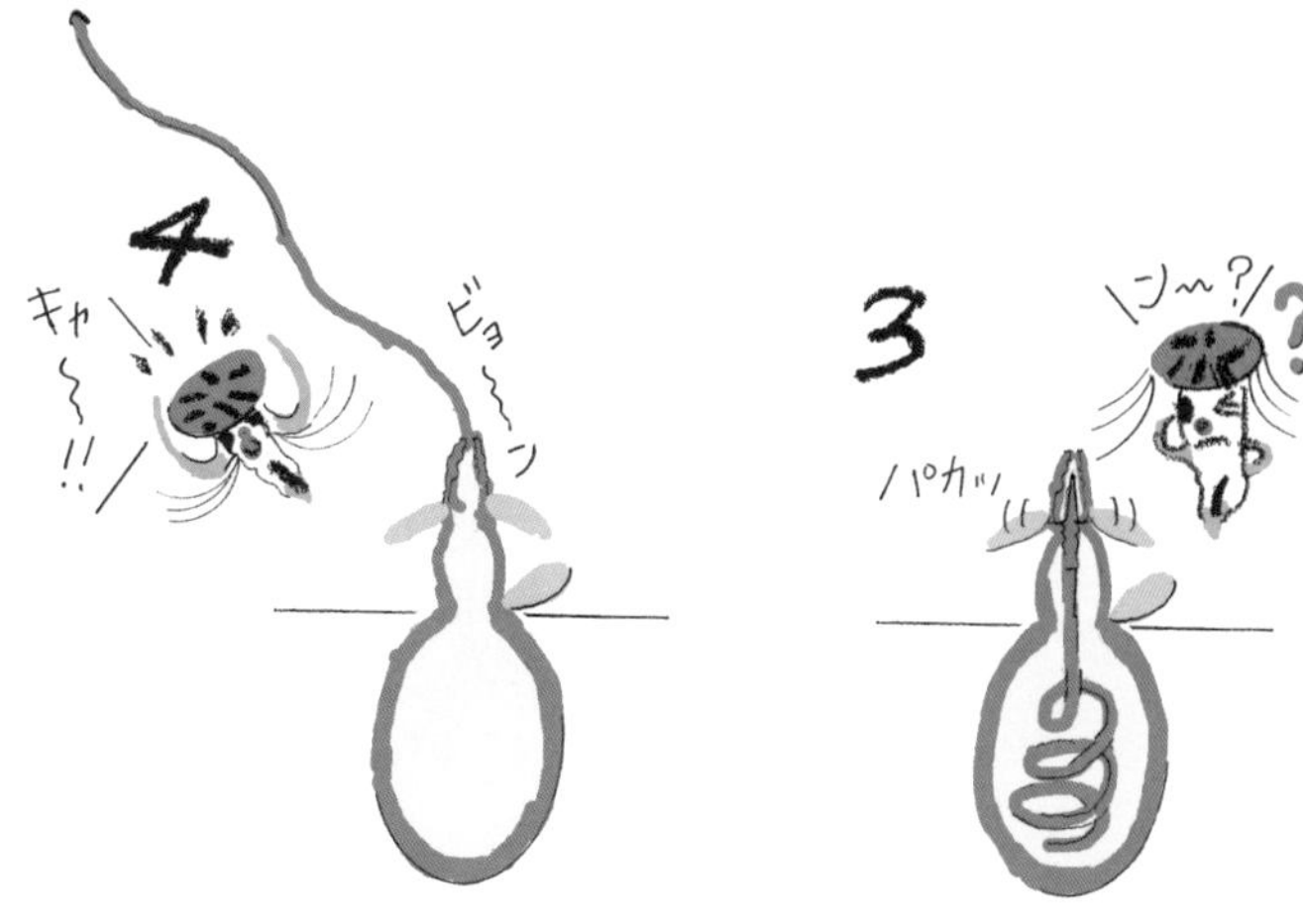

ビックリ箱のように発射されます。刺胞1つはわずか1㎜ほどですが、触手にびっしりと配置されています。そのため触手に触れると次々と刺胞から紐つきの毒針が発射され、面ファスナーのようにベッタリと張りついてしまうというわけです。

刺胞動物はこの刺胞を使って身を守ったり、餌をとったりします。もし触手が体にくっついてしまった場合、無理に取ろうとしたり真水などをかけたりするのはご法度！　たとえクラゲ本体から触手がちぎれていても、起爆スイッチが押されるとさらに刺胞攻撃が降り注ぎますよ！

似て非なるクラゲ

クシクラゲの仲間は本当にクラゲにそっくり！　半透明な袋状の体で海中をゆっくりと泳ぐ姿はクラゲそのものです。しかし刺胞をもっていません。だから刺胞動物のクラゲとはまったくの別物。櫛板（くしいた）と呼ばれる小さな板を動かして泳ぐので有櫛（ゆうしつ）動物といいます。こんなに似ているのに不思議なものです。

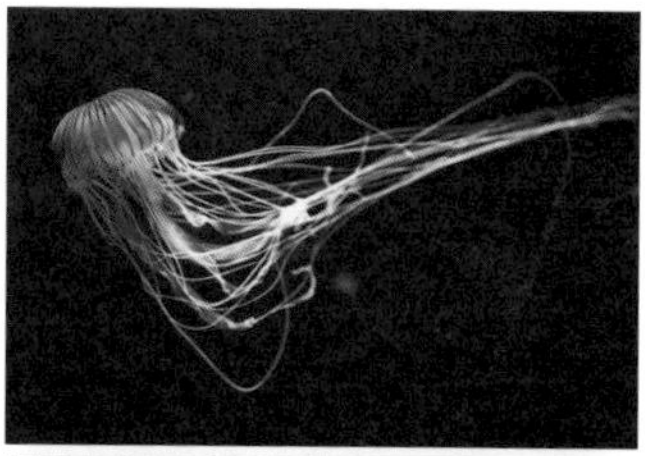
猛毒のアカクラゲ

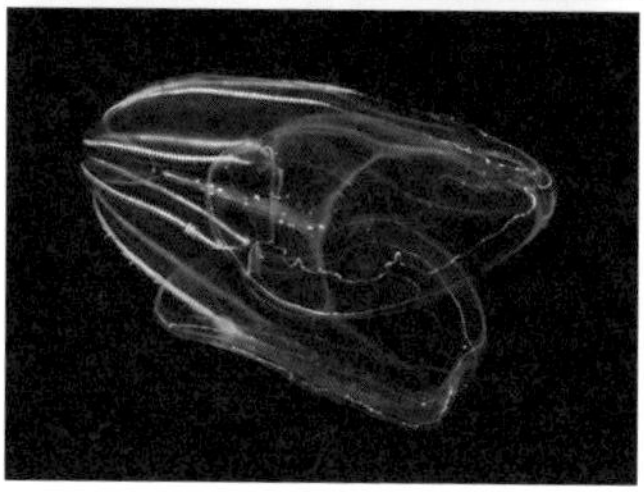
クシクラゲの仲間

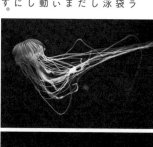

ありえない FILE NO. 18

刺胞動物門 Cnidaria

サンゴ礁

宇宙からも見える！動物がつくる最大の構造物

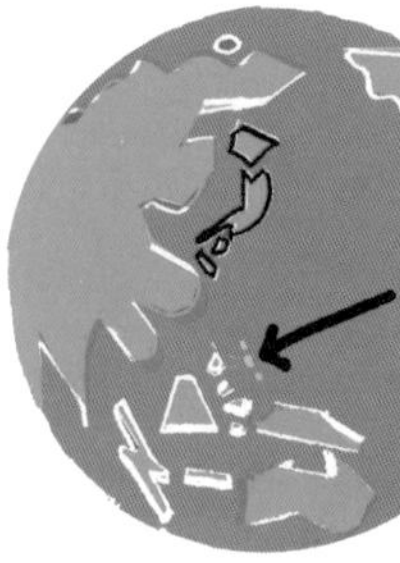

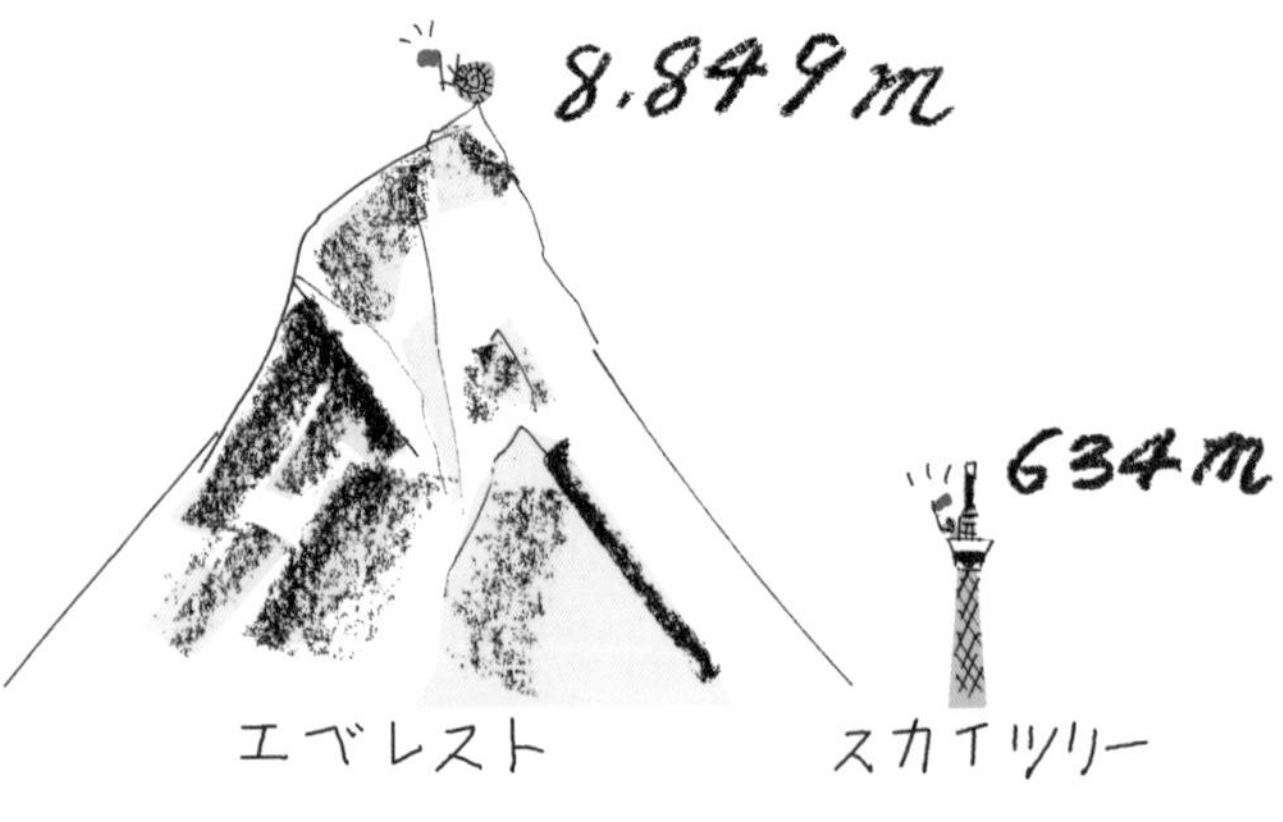

人間は物をつくるのが得意ですね。私が住んでいる茨城県つくば市にある筑波山山頂付近からは東京スカイツリーが見えることがあり、人間ってすごいなぁと感心します。しかし、動物だって負けていません！　動物がつくる最大の構造物といえば、間違いなくサンゴ礁です。なんたって宇宙からでも見えるのですから。

サンゴ本体は小さなイソギンチャクのような形をしたやわらかいポリプと呼ばれるものです。造礁《ぞうしょう》サンゴの仲間は炭酸カルシウムでできた硬い骨格をポリプの下につくります。ポリプが自らつくり出した岩(骨格)の表面を覆っているような状態です。ポリプが死んでしまっても、骨格は残ります。そして新たな個体がその上に新たな骨格をつくり上げてゆくことでサンゴ礁はできていきます。しかしそれだけでなく、石灰藻《せっかいそう》、ウニ、カキなどの貝類、コケムシ類、フジツボ類、カンザシゴカイ類など、石灰質の骨格や殻をつくるさまざまな生きものたちが付着し積み重なることでサンゴ礁は大きくなっていくのです。長い年月をかけて大勢で造っているサグラダ・ファミリアのようです。しかしサンゴ礁は完成の目処が立っておりません！

そしてサンゴ礁をはじめとする、炭酸カルシウム骨格の生きものの遺骸が固まってできた石が石灰岩です。まさに生きものがつくる石。石灰岩だけでできた山もあります。なんとエベレストの頂上も石灰岩！　海底でつくられた石が地球で一番高い場所にあるなんて不思議なものですね。

海にできる真っ白なガラスの森

1987年、カナダ沖の深海でガラス海綿礁が見つかったことが話題になりました。ガラス海綿礁はその骨格がガラス質であり、深海に形成されるという点で異質です。サンゴ礁と同じく多くの生きものの貴重な棲み家となっているようです。深海に現れる真っ白なガラスの森はとても美しいです。

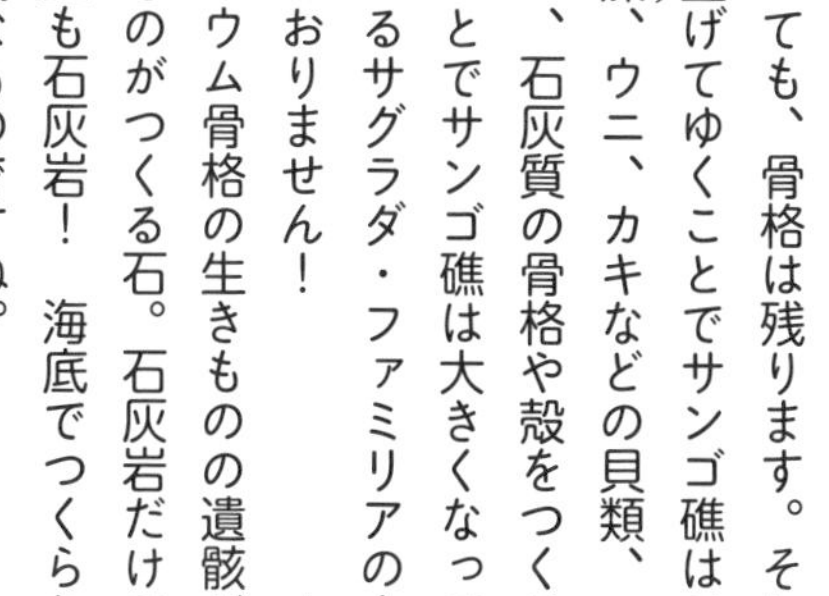

世界最大のサンゴ礁「グレートバリアリーフ」

ありえない FILE NO. 19

軟体動物門 Mollusca

ウミウシ

食べた生きものの装備を自分のものに！

貝殻はとても強力な防御アイテム。生きものがつくる硬い構造物はいろいろありますが、その多くが多孔質といって中に孔がたくさんあいています。それにくらべて貝殻は割ってみても目立つ孔はな

く、みっちりと詰まっていて、とても微細な結晶でできていることがわかります。強いけれど、これをつくるのはやっぱり大変でコストがかかる！　というわけで巻き貝のなかには貝殻をつくるのをやめてしまった種類がけっこうたくさんいます。その代表的なものがウミウシ。海のナメクジといわれるウミウシですが、貝殻がなくやわらかい体が剥き出しなわけですから、どうにか身を守る術がなくてはなりません。そこで編み出したのが、食べたものの能力を装備して使うという（星のカービィみたいな）ウソのような方法。

そのなかで一番メジャーなのは、有毒なカイメンなどを食べることで体内に毒素を溜め込み、食べられにくくする方法です。この方法はほかの生きものでも見られます。一方で、ウミウシのなかでもミノウミウシの仲間は、ヒドロ虫などの刺胞《しほう》動物を食べて、その刺胞を（なぜか刺されることなく）抽出して、自分の細胞に組み込み防御に使うなどの離れ業をやってのけます。猛毒のカツオノエボシを捕食するアオミノウミウシは、盗んだ刺胞も超強力です。

またコピー能力を応用して、食べた海藻から葉緑体だけを取り出して自分の体に配置し、光合成で栄養を得る種もいます。食べた葉緑体の色で体も緑色になるのでカモフラージュにもなって一石二鳥！　いったいどうなっているのでしょう。もう理解不能です。

刺胞を利用する生きもの

クマノミがイソギンチャクと共生している話は有名でしょう。また、ヤドカリが貝殻にイソギンチャクをくっつけていたり、幼魚がクラゲに寄り添って暮らしていたり。海においては刺胞は超強力な武器です。ウミウシのように直接的に刺胞を取り込んで使うことはなかなかありませんが、多くの生きものが刺胞を活用しています。

アオミノウミウシ

ありえない FILE NO. 20

軟体動物門 Mollusca

ツメタガイ

恐怖！酸と歯で穴をあけ中身を食す

春に楽しい海のアクティビティといえば、潮干狩り！砂を掘ればおいしいアサリやハマグリがポロっと採れるなんて最高ですね。しかし、これら二枚貝が大好きなのは人間だけではありません。潮干狩り会場にもよく出没するのがツメタガイという大きめの巻き貝です。

海岸に落ちている二枚貝をよく見てみると、殻にドリルであけたようなまん丸の孔があいていることがあります。これこそがツメタガイの仕業。二枚貝は超強力な閉殻筋《へいかくきん》をもっていますから、生きているものをこじ開けるのは大変。ならば上から孔をあけてしまおうという戦法です。

これにはアサリもなす術なし。ツメタガイはアサリを見つけると上に覆いかぶさり、殻を溶かす酸液を出します。そして歯舌《しぜつ》と呼ばれるギザギザの歯がついたヤスリのような舌で殻を削って、1㎜ほどの孔をあけて中身を食べてしまうのです。

この歯舌、二枚貝以外の軟体動物はみな、もっています。藻の生えた水槽に草食の巻き貝を入れるとベロベロと水槽を舐めるように藻を食べてくれますが、後に点々とした不思議な模様がつきます。歯舌はテープ状の膜の上にたくさんの小さな歯が規則正しく並んだ構造をしていて、実際は舐めるというより歯舌を動かして削って食べているからです。歯の数や形、並びなどは種類や食性によって異なります。軟体動物がある意味なんでも食べられるのは、この万能な歯舌のおかげかもしれませんね。

ツメタガイによってあけられた孔

岩をも削る強度

ヒザラガイは8枚の殻をもつ貝の仲間。歯舌で岩を舐めるように藻類などを食べますが、その歯には磁鉄鉱が含まれています。つまり磁石にくっつく。そして生きものがつくる鉱物の中で最高強度を誇ります。硬い歯でお食事をしていると、ついでに岩まで削ってしまい歯舌痕が残ることもあるようです。

ありえないFILE NO. 21

軟体動物門 Mollusca

穿孔貝

岩や木に穴をあける「穴あけ名人」たち

海岸で穴だらけの石や岩を見たことはありませんか。なんで穴があいているのでしょう？　どうやってあいたのでしょう？　じつはこういった穴の多くはニオガイやカモメガイといった穿孔《せんこう》性の二枚貝があけた穴。これらの貝が棲みつくのは泥岩や砂岩などの比較的やわらかい岩ですが、それでも岩を掘るなんてすごいですよね。でも岩の中なら身を守るには最適そうです。

これらの貝は岩を掘るためにヤスリのようなギザギザがついた貝殻をもっています。2枚の殻をパクパク動かして削りながら掘り進み、生涯穴から出ずに過ごします。そのため

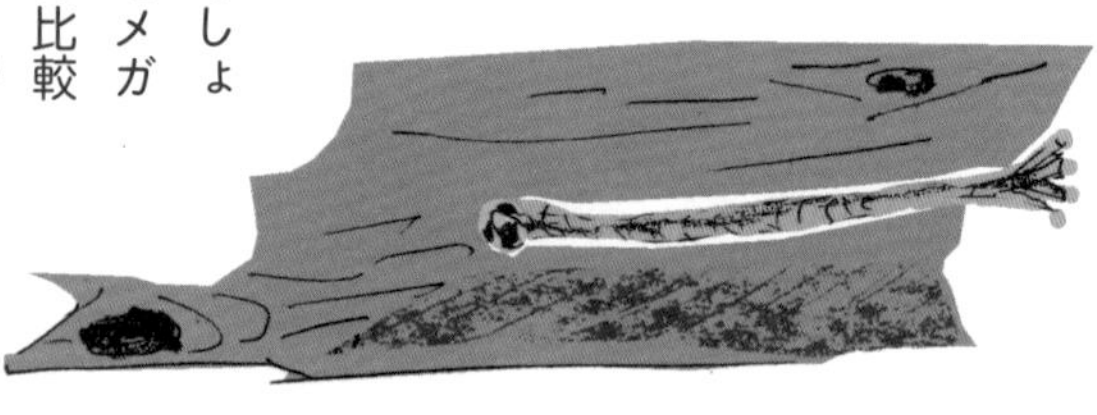

海岸で拾える石の穴の中に貝殻が残っていることもあります。

また、沈木《ちんぼく》などの海中の木材に穴をあけるフナクイムシという貝もいます。こちらは身を守るためだけでなく、木を食料としても利用。そのためフナクイムシの仲間はトンネルのように木材を掘り続けます。硬い無機物の石と異なり、木材は穴をあけると水圧で押し潰されたり腐敗したりして崩壊の恐れがあります。そこで木を掘ったあとに自らの体から貝殻に似た成分を分泌し、掘った穴を内側からコーティングしていくことで崩壊を防ぎます。これをヒントにして発明されたのがシールド工法です。この発明のおかげで深い場所でも安全にトンネルが掘れるようになりました。今でも現役で活躍中のシールドトンネルがたくさんあります。生きるために石を掘り、木を食う。進化ってすごい！

穿孔貝があけた穴

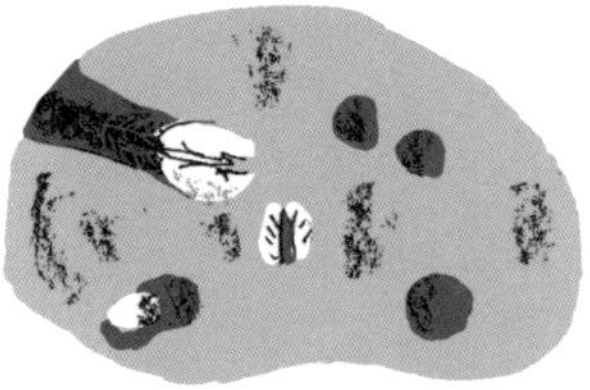

船を食べる貝

フナクイムシは木造船も穴だらけにしてしまうのでこの名がついたようです。その姿はとても二枚貝とは思えないニョロニョロとしたもの。貝殻は穴を掘るのに特化した小さな球状のものになっていて、〝カイ〟ではなく〝ムシ〟と名づけられているのも納得の、ちょっとグロテスクな容姿です。

骨がないのに骨にしみるコラム 3

ゴカイがつくる「お家」

ゴカイは釣り餌としてよく使われます。適度な大きさのニョロニョロとしたやわらかい体は、ほかの多くの動物にとってご馳走だからです。つまり敵が多い。そのためゴカイの仲間は身を守るために棲管《せいかん》と呼ばれる「お家」をつくる種が多くいます。ゴカイ本体を見なくても、棲管を見れば種類がわかるものも多いのです。海の大工さんことゴカイのつくる棲管をいくつかご紹介します。

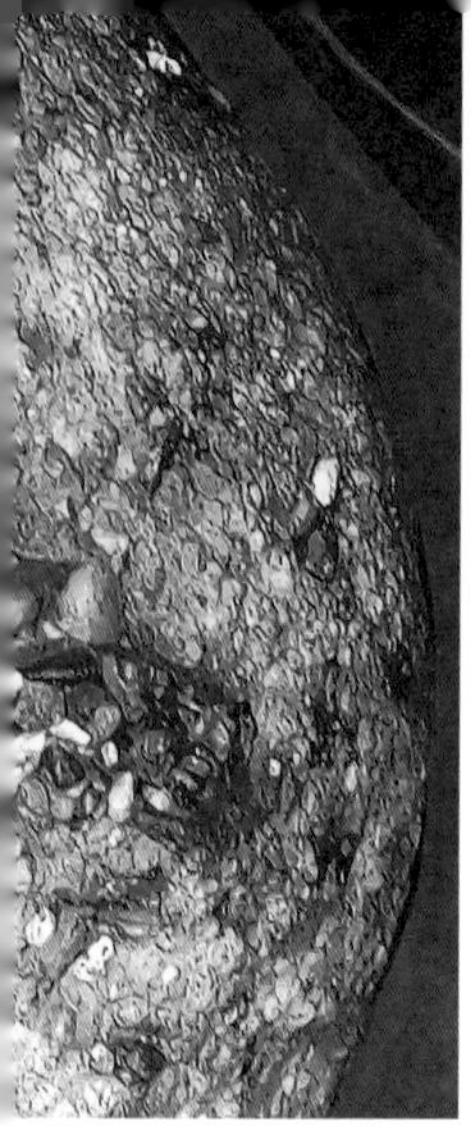

石灰質のお家

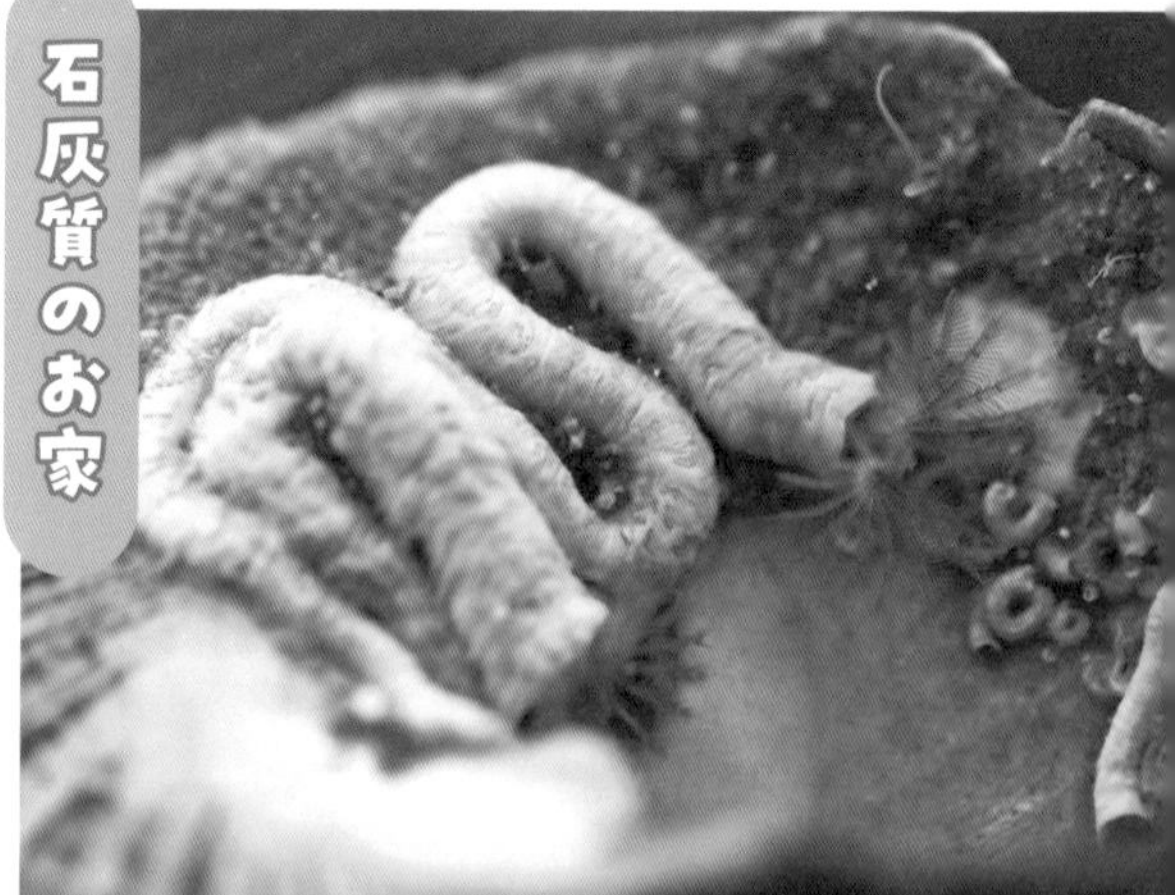

岩などの硬いものに付着するカンザシゴカイ類は、硬くて丈夫な白い石灰質の家をつくります。ホタテやアワビの殻にくっついている白い管は、だいたいゴカイの棲管です。本体は触手だけを外に出して餌をとります。危険を感じると、すぐに引っ込みます！

砂粒や貝殻片のお家

フサゴカイ類は粘液で砂粒や貝殻片を固めて家をつくります。石灰質ほど強くはないかもしれませんが、パッと見は、ただの砂の塊にしか見えないので、外敵からのカモフラージュにもなっていそうです。

粘液と砂や泥のお家

ケヤリムシ類は粘液と泥を混ぜた丈夫な棲管をつくります。やわらかそうに見えて、ちぎるのは容易ではありません。泥臭い棲管から見事な美しい触手を出します。

粘液でつくる皮膜質のお家

ツバサゴカイという干潟に棲む大型のゴカイは、U字型の立派な皮膜質の棲管をつくることで有名です。U字の両端は煙突のように砂地から突き出ており、知っている人が見ればすぐにツバサゴカイだとわかりテンションが上がります。

ありえない
FILE NO.
22

クマムシ

緩歩動物門　Tardigrada

生きづらいときは生体機能を停止

宇宙空間にさらしても生きていた！　マイナス200度以下の低温や100度の高温にも耐えられる！　地球最強の生物なんて非常にセンセーショナルな話題で一時注目を浴びたクマムシ。生きもの好きなら知っている人も多いのではないでしょうか。

最強なんていわれると脅威を感じてしまいそうですが、実際は1㎜にも満たない小さく無害な生きものです。それにさまざまな極限状態に耐えられることは事実ですが、そこで元気に動き回って活動するわけではありません。樽《たる》と呼ばれる乾眠《かんみん》状態になってはじめて耐久性を獲得するのです。

でもこの樽がやっぱりスゴイ！　樽はいわばミイラ状態。体内の水分を極限まで減らし、すべての代謝をほぼ停止させてしまうのです。この状態はふつうは死を意味するのですが、クマムシは水を得るとまた復活して動き出します。ちょっと環境が悪くなったから、過ごしやすい環境になるまで眠っちゃおうという作戦です。人間も昔から憧れてますよね。それを実際にやってのける生きものがいるとは。

クマムシほどの耐性はありませんが、線虫やワムシなど乾眠能力をもつ生きものはほかにもいます（田んぼは水があったりなかったりする環境なので、じつは田んぼにも多い）。かつて水があったといわれる火星などに水を与えたら乾眠能力をもつ生きものが復活してきたりして…と夢が膨らみますね。

クマムシ最強の魅力

クマムシは緩歩（かんぽ）動物。緩く歩く動物。乾眠能力もすごいですが、最強の魅力はそのかわいらしさだと思います。テディベアのようなむっちりした体でモゾモゾのんびり動く様子は悶絶するほどかわいい。クマムシはその辺の苔などにもふつうに生息しています。ぜひ一度は観察してみてほしい生きものです。

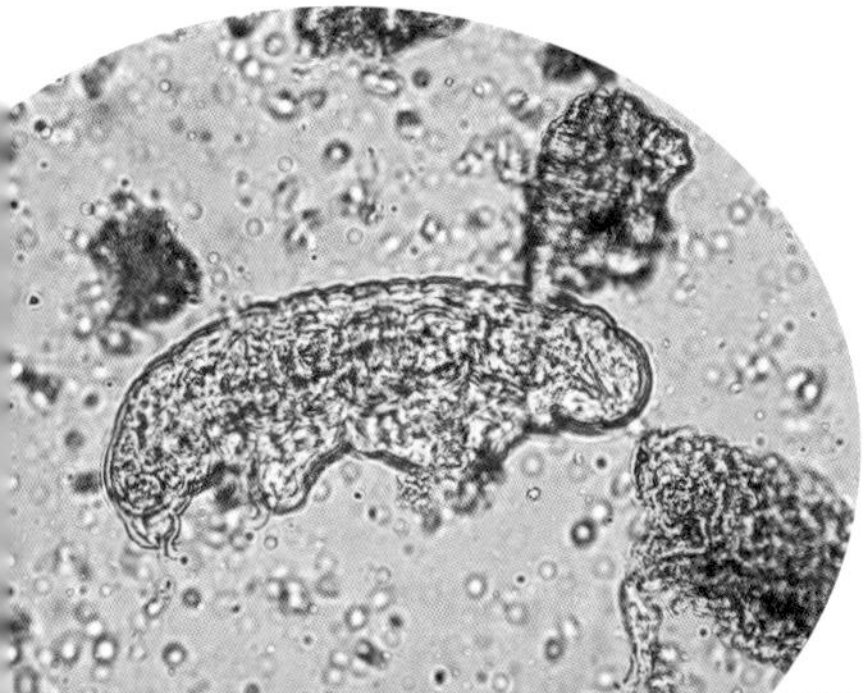

クマムシの仲間

ありえない FILE NO. 23

節足動物門 Arthropoda

エボシガイ

行き先は波まかせ～風まかせ～

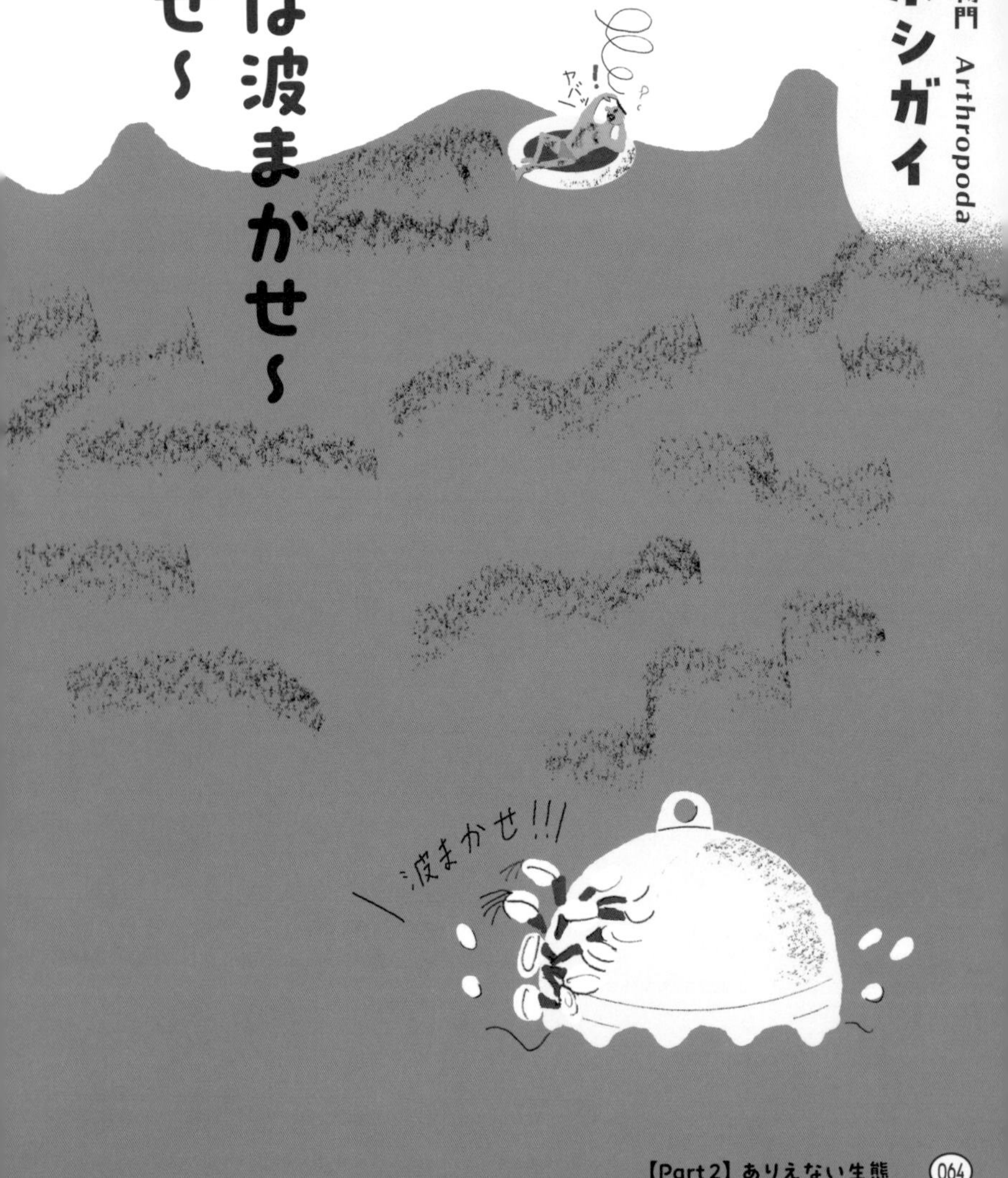

エボシガイという生きものがいます。白い羽のような形の殻からにょきっと伸びた柄をもつこの奇妙な生きもの、海に浮かぶ物ならとにかく何にでもくっつきます。そのため海岸に打ち上がった漂着物を拾うビーチコーミングをしていると、高確率で出会うことができます。流木から浮き、流れ藻、漁網、プラスチック、ガラス瓶、船底、スニーカーなんかにも。2021年、小笠原諸島近辺の海底火山の噴火によって海に大量に流されて話題となった軽石にも、エボシガイの仲間がさっそく付着していたそうです。

エボシガイはp36で紹介したフジツボと同じ節足動物の蔓脚類《まんきゃくるい》の仲間。泳げる幼生の頃に付着先を探し、一度付着したらもう動けません。蔓脚《つるあし》を殻の中から出し入れすることで、海水中のプランクトンなどを捕まえて食べています。そのため海を漂う物に付着するだけで生活できるわけですが、その行き先は波まかせ、風まかせ。付着した物とはもう運命共同体。砂浜に打ち上げられてしまったら万事休すというリスクはありますが、勝手に海がいろいろな場所へ連れて行ってくれます。

そのため体長わずか10㎝ほどの生きものですが、その分布は太平洋〜インド洋のほぼ全域。つまり世界の海洋なわけです。あなたの見つけたエボシガイはいったいどこからやってきたのでしょう？　そんなロマンチックなことを考えると、さらにビーチコーミングが楽しくなりそうですね！

超強力な接着メカニズム

船底などにくっついてしまうと厄介者扱いされる蔓脚類ですが、よく考えると水の中で比較的どんな物質にでも強力に張りつける蔓脚類の接着機構ってすごいのです。そのためフジツボ付着防止の研究が行われる一方、フジツボのつくるセメントを医療や工学へ応用しようという研究もあります。

漂着物のスニーカーにくっついたエボシガイ

ありえないFILE NO.24

節足動物門 Arthropoda

ウミホタル

光を噴き出す米粒

発光生物と聞くとワクワクしますね。それにしても、どうやって光るのでしょう？　なぜ光るのでしょう？　その謎の多くは明かされていません。

海にも発光生物はたくさんいます。そのなかで、発光の仕組みが明らかにされているウミホタルという生きものを紹介しましょう。いかにも光りそうな名前ですね！

ウミホタルは形も大きさも米粒に似た小さな甲殻類の仲間です。日中は海底の砂に潜り、夜になると海中へ出てきて活動します。そしてその小さな体から発したとは思えないほど明るく青白い光を放ちます。その明るさは1匹が発した光でも私たちの肉眼で十分確認できるほど。というのもウミホタルは体そのものを光らせるのではなく、発光物質を外に吐き出すからです。光を噴射することで敵を惑わせて身を守ったり、コミュニケーションに使ったりしているようです。大量のウミホタルを海水中で刺激すると…青白く光り輝く夢のような水の完成です！

ウミホタルは体内にルシフェリン（発光基質）とルシフェラーゼ（酵素）という2つの物質を別々にもっています。この2つが海水中で混ざることにより基質が酵素と結びつき光を発します。このメカニズムはお祭りなどで売られている、パキっと折ると光る腕輪やサイリウムなどと同じです。あれも2つの液体を混ぜることで発光させています。神秘的な生物発光も化学反応だと思うと見る目が変わりそうですね。

見た目に反する生態

ウミホタルはその小さな体やかわいいフォルムに似合わず肉食。死んだ魚などを食べたり、ゴカイやイソメを襲って食べることもあるそうです。そのためウミホタルを採集するときには採集瓶にレバーなど血の気の多いものを入れるとたくさん採れます。

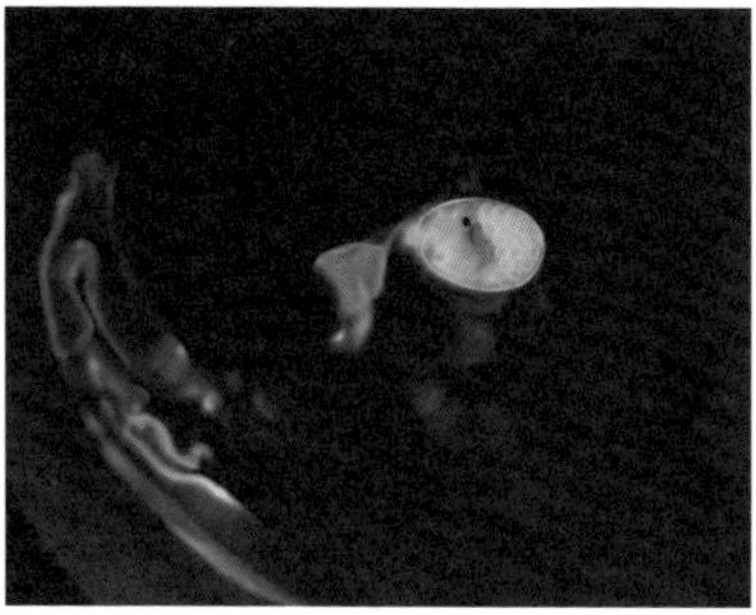

発光生物ウミホタル

ありえない
FILE NO.
25

ヒトデ

棘皮動物門 *Echinodermata*

食べるときは胃を外に出します

「この大きなハンバーガー食べたいけど、こんなに口開かないよ…」
「だったら口じゃなくて胃を外に出して直接消化しちゃえばいいんじゃない?」
「あはは。そうだね! いただきまーす」

というのがヒトデの日常です。種類にもよりますが、ヒトデの多くは超肉食。動きがゆっくりなので泳いでいる魚などを捕まえて食べたりすることはありませんが、死んで動かない魚などは自分より大きくても迷いなく捕食します。しかし体の構造上お口が小さいのです。

ヒトデの口は腹側(下に向けているほう)のど真ん中にあります。そこから胃を反転させて広げ、獲物に覆い被せるようにしてその場で溶かして食べてしまいます。私たちの食事は数十分で済みますが、胃の中での消化には何時間もかかりますよね。ヒトデはその場で消化吸収するため、とても優雅に時間をかけてお食事を楽しむようです。

ヒトデを捕まえて腹側を見てみると、プルプルのゼリーのような胃が見られることがあります(獲物をくわえていることも)。でも、あっ!と気づいたときには胃はシュルシュルと口の中に引っ込んでいきます。胃を出すなんて気持ちわるそう、大変そうと思ってしまいますが、ヒトデにとっては日常。なんてことない技のようです。

鬼ヒトデ

サンゴを食い荒らすことで知られる悪名高きオニヒトデ。硬い骨格をもつサンゴを食べられるのも胃を反転できるおかげです。バリバリかじっているわけではなく、覆い被さって胃を押しつけているだけ。ヒトデ好きとしては悪者にされるのは嫌なのですが、被害の大きさを考えると何も言えません。

アサリを捕食中のイトマキヒトデ

ありえない FILE NO. 26

ナマコ

棘皮動物門 Echinodermata

ヤバくなったら内臓を捨てて逃げよう

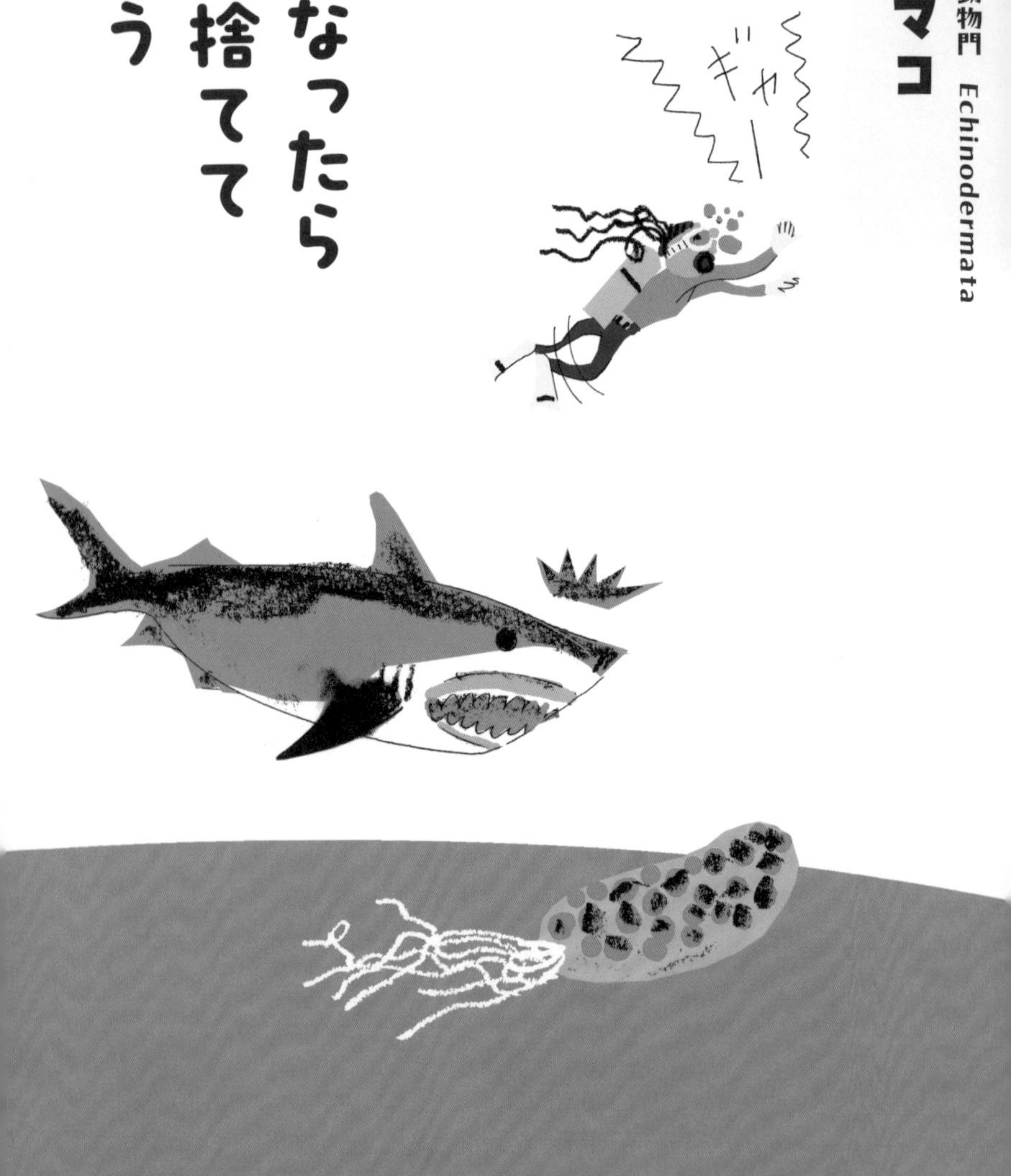

トカゲの尻尾切りは有名ですね。トカゲ以外にも自切《じせつ》といって、体の一部を切り離し、それを囮《おとり》にして身を守る生きものは多くいます。でも、あくまで切り離すのは自らの生命活動において主要でない部分。尻尾ぐらいならなくても生きていける、というわけです。しかしどうしたことか、ナマコは自らの内臓を捨てます。p68でヒトデが胃を体の外に出すという話をしましたが、ナマコもヒトデと同じ棘皮《きょくひ》動物。棘皮動物は内臓を外に出したがりな傾向があるようです。

それを可能にするのは棘皮動物共通の驚異的な再生能力。ナマコは内臓くらいすぐに再生させてしまうので大丈夫なのです。ナマコが危険を感じて一番はじめに肛門から出す内臓はキュビエ器官と呼ばれる白い糸のようなものです。これは防御のために用意された器官で粘着性があり、相手を絡め取って動けなくする作用もあります。それでもしつこくいじめていると、残りの主要な内臓もほとんど吐き出してしまいます。さらに内臓を出されてなおナマコをもみもみしていると、だんだん溶けてちぎれてしまうような種類もいます。それでも再生することもあるとか。

いったいナマコにとって主要な部分とは何なのか。どこが本体なのか。ゆっくりとした動きしかできないナマコが生き残るために編み出した知恵とはいえ、まさに度肝を抜かれる戦略です!

ナマコの肛門からこんにちは

ナマコは英語でSea cucumber。キュウリのような細長い体の前端に口、後端に肛門が開きます。多少曲がるものの消化管が直通している様子はキュウリというよりちくわ？　そしてこのちくわのような穴に棲みつくカクレウオという魚がいます。ナマコの肛門からニョロっと顔を出す姿はなかなかシュールです。

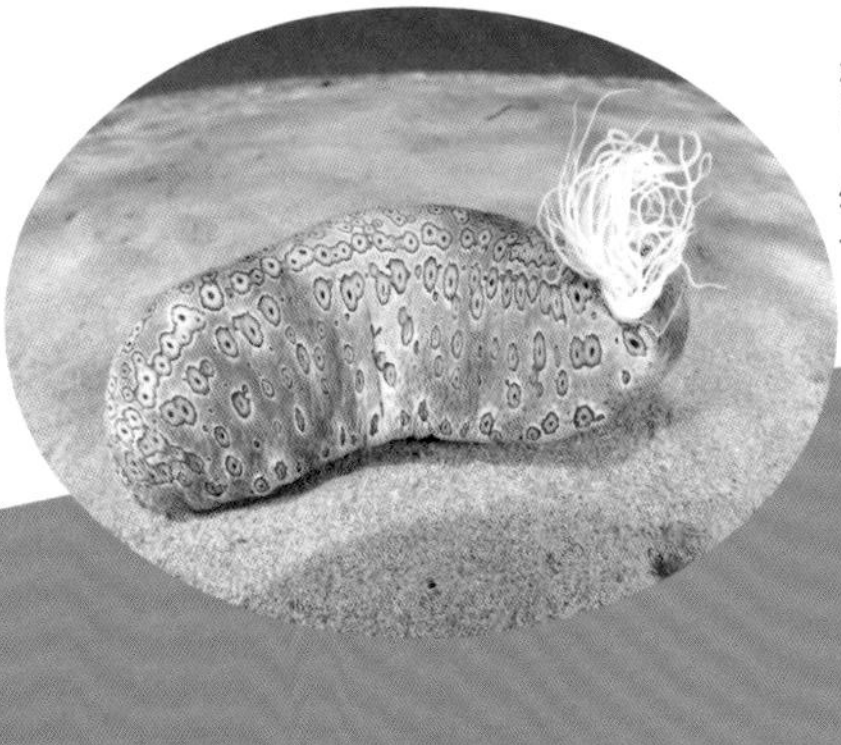

キュビエ器官を出すジャノメナマコ

ありえない
FILE NO.
27

尾索動物門
オタマボヤ
Urochordata

高性能な餌とりハウス

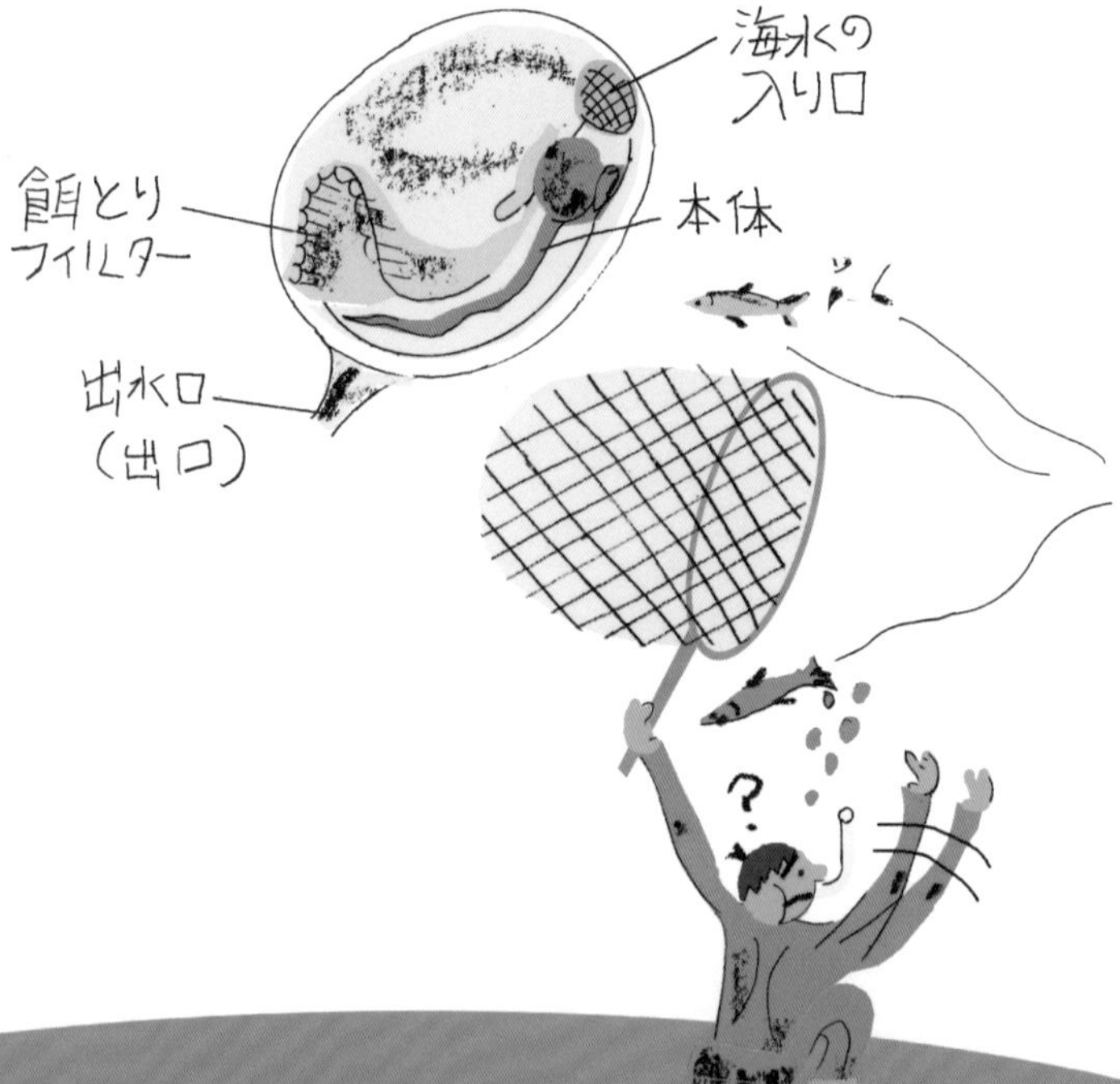

海水の
入り口
餌とり
フィルター
本体
出水口
（出口）

ホヤの仲間は、多くが食用となるマボヤと同じ固着型の生きものです。海水中のプランクトンを濾しとって食べています。海水を取り込む入水口と餌を濾しとる巨大フィルター、海水を吐き出す出水口。体全体が見事な海水濾過装置です。しかし子どもの頃は違います。ほかのほねなしの例にもれず、親とは似ても似つかない姿。丸い頭に長い尻尾をもつことからオタマジャクシ型幼生と呼ばれます。

さて、多くのホヤはオタマジャクシ型幼生から変態して固着生活へ移行します。しかしオタマボヤと呼ばれる仲間は変態してもオタマジャクシのような形のままプランクトンとして一生を過ごします。体全体が強力な濾過装置である固着型と異なり、オタマボヤの体には入出水口もフィルターもありません。じゃあどうするかというと、ハウスと呼ばれる餌とり装置を分泌してつくるのです。

ハウスには入水口、出水口、そしてフィルターが備わっています。オタマボヤはこのハウスの中で過ごすとともに、尻尾で水流を起こしてフィルターで捕えた餌を食べています。フィルターが詰まったり古くなったりすると、ハウスは捨てられ、新たなものがつくられます。つまり使い捨ての濾過装置を使っているといえます。こんなことができるのはオタマボヤしかいません。また予備のハウスは折り畳まれて収納され、すぐに展開できるようになっていて、その仕組みも研究者から注目されています!

使い捨てられたハウスの行方

ハウスは一日に数回交換されるようです。じつはこの捨てられたハウスはマリンスノー（深海へ沈んでいく有機物）の大部分を占めているといわれています。食料問題が深刻な深海生物にとってとても貴重な餌になっています。深海をも支えているオタマボヤ、すごすぎる。

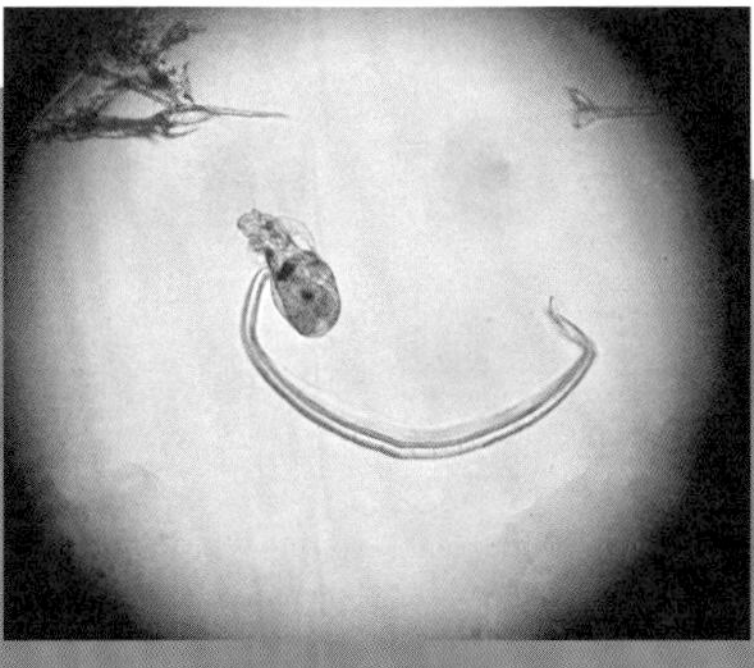

オタマボヤの仲間

骨がないのに骨にしみるコラム 4

人間に一番近いほねなし

結論から言いましょう。人間に一番近いほねなしはホヤです！　顔がないどころか、手足もないし、動きもしないのに？　信じられないと言われても仕方がありませんが、間違いない事実なのです。動物の進化の道筋を示した系統樹のなかで人間の近くにいるのはホヤとナメクジウオです。この3つをまとめて脊索《せきさく》動物亜門といいます。この脊索というのが重要です。

脊椎動物は受精卵から赤ちゃんとして生まれるまでの間に、必ず脊索をもちます。脊索は1本のやわらかい棒のようなものです。脊索によって体が支えられ、脊索にそって神経がつくられていきます。そしてこの脊索と神経をとり囲むようにして脊椎（背骨）がつくられ、脊索は消えてしまいます。

じつはナメクジウオとホヤもこの脊索をもつのです！　ナメクジウオは頭から尻尾の先まで伸びた1本の長い脊索を一生もち続けます（頭索《とうさく》）。一方、ホヤはオタマジャクシ型幼生といわれる子どもの時期に、尾のほうにだけ脊索をもちます（尾索《びさく》）。変態して大人になると脊索は消えてしまいます。もちろん脊椎はできません。ちなみにP72で紹介したオタマボヤの仲間は、大人になってもオタマジャクシ形なので一生、尾に脊索をもちます。そうわかるとオタマボヤの頭が頭蓋骨のように見えてきませんか？

ナメクジウオ

ホヤ

脊索動物亜門の系統樹

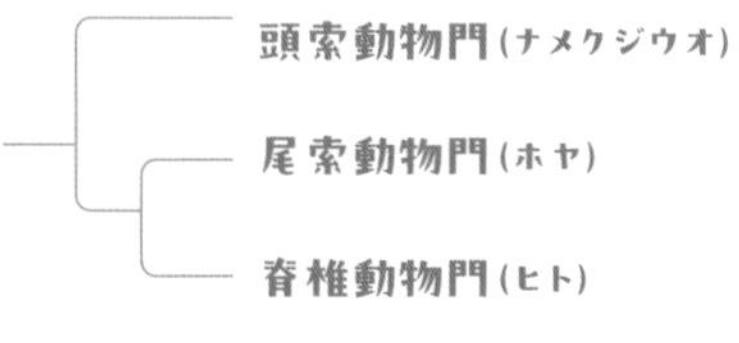

Part 3

ありえない性

ちぎれて再生するもの、
姿も役割も違う2種類の子どもを産むもの、
次世代に命をつなぐ方法も
いろいろです。

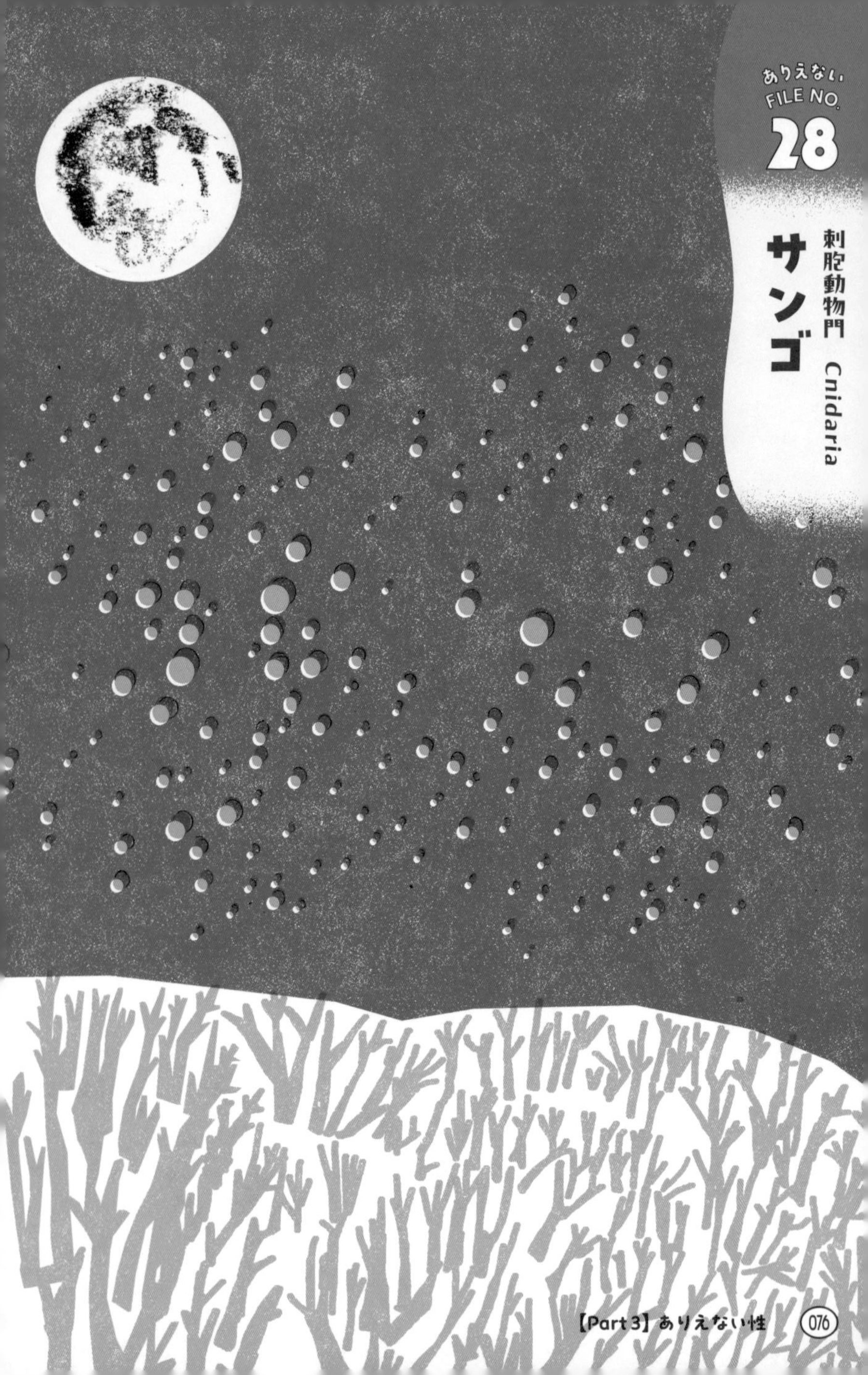

ありえない
FILE NO.
28

サンゴ

刺胞動物門 Cnidaria

神秘。満月の夜の一斉産卵

海にたくさんいる固着生物たち。繁殖はどうしているのでしょう。動けないので交尾のような行為はなかなか難しそうです（例外はいますが）。そのため繁殖においても海の力を借ります。最も簡単なのが放卵・放精で体外受精させること。海に放ってしまえば勝手に混ざって受精してくれますからね。でも放卵・放精のタイミングだけは合わせないといけません。

広い海で離れた個体とどうタイミングを合わせるのか。有名なのは一年に一度の大イベント、満月頃の夜のサンゴの一斉産卵です。そう、海の生きものは月のリズムを感じ取っているのです。それもそのはず、潮の満ち引きは主に月の引力によってひきおこされています。1日2回くる干潮と満潮、月の満ち欠けに合わせた大潮小潮など、一日たりとも同じ日はないはずです。海の生きものは想像以上に、多くの影響を受け取っているのではないでしょうか。

ほかのいろいろな要因も絡むので正確な産卵の日を予想するのは難しいようですが、同じサンゴたち自身は毎年、時間までもピッタリと合わせて一斉に産卵します。次の日の朝、大量の卵で海はピンク色に染まります。とても神秘的な光景です。生き残るのはほんのわずかでしょう。それでもタイミングを合わせて大量に産卵することで、つながれていく生命があります。

首を振るナマコ？

放卵・放精するのは固着生物だけではありません。ナマコもその一つですが、放卵・放精のときに体の前面を持ち上げ〝首を振る〟ような動きを見せます。ナマコの養殖では放卵・放精を促すホルモン物質が重宝されていて、その物質はこの行動に由来して〝クビフリン〟と名づけられています。

産卵するサンゴの仲間

ありえない
FILE NO.
29

ニハイチュウ
二胚動物門 *Dicyemida*

姿も役割も違う2種類の子どもが生まれる

ニハイチュウと呼ばれる小さな生きものは、タコなど頭足《とうそく》類の腎臓にしかいない、ほねなしのなかでも極めておかしな生きものです。そのほとんどがタコの腎臓に寄生して一生を終えるので、見たことがある人は稀でしょう。そして知らなくても見なくても楽しく人生を送れるでしょう。しかし、ほねなしの常識はずれな生き方を語るには外せない生きもの！　なんたって2種類の子どもを産むのですから。

名前の〝ニハイ〟とは〝2つの胚〟の意味で、そのまま2種類の胚（幼生）をもつということです。1種類目は親と同じ形をしたニョロニョロの蠕虫《ぜんちゅう》型幼生（無性生殖で発生）。この幼生は親から産み出されると、そのまま元いたタコの腎臓に頭を突っ込むように寄生し、タコのおしっこから栄養を得て暮らします。腎臓はおしっこをつくる場所ですからね。

2種類目は滴虫《てきちゅう》型幼生と呼ばれます（有性生殖で発生）。滴る虫…そう、この幼生はタコのおしっこと一緒に海中に排出され、新たな宿主を探す役目を負うのです！　そのため体は親よりも丸っこく、長い繊毛がびっしりと生えた、泳いで旅するのに適した形になっています。しかし、この幼生がどのようにして新たな宿主に到達し成体になるかは、いまだ謎に包まれています。

細胞の数

ニハイチュウは体を構成する細胞が最も少ない多細胞生物でもあります。なんとその数30個ほどの種も！　そのため体はスケスケ。顕微鏡で観察すると、体の中で仲よく並んで育っていく幼生たちを詳細に観察することができます。

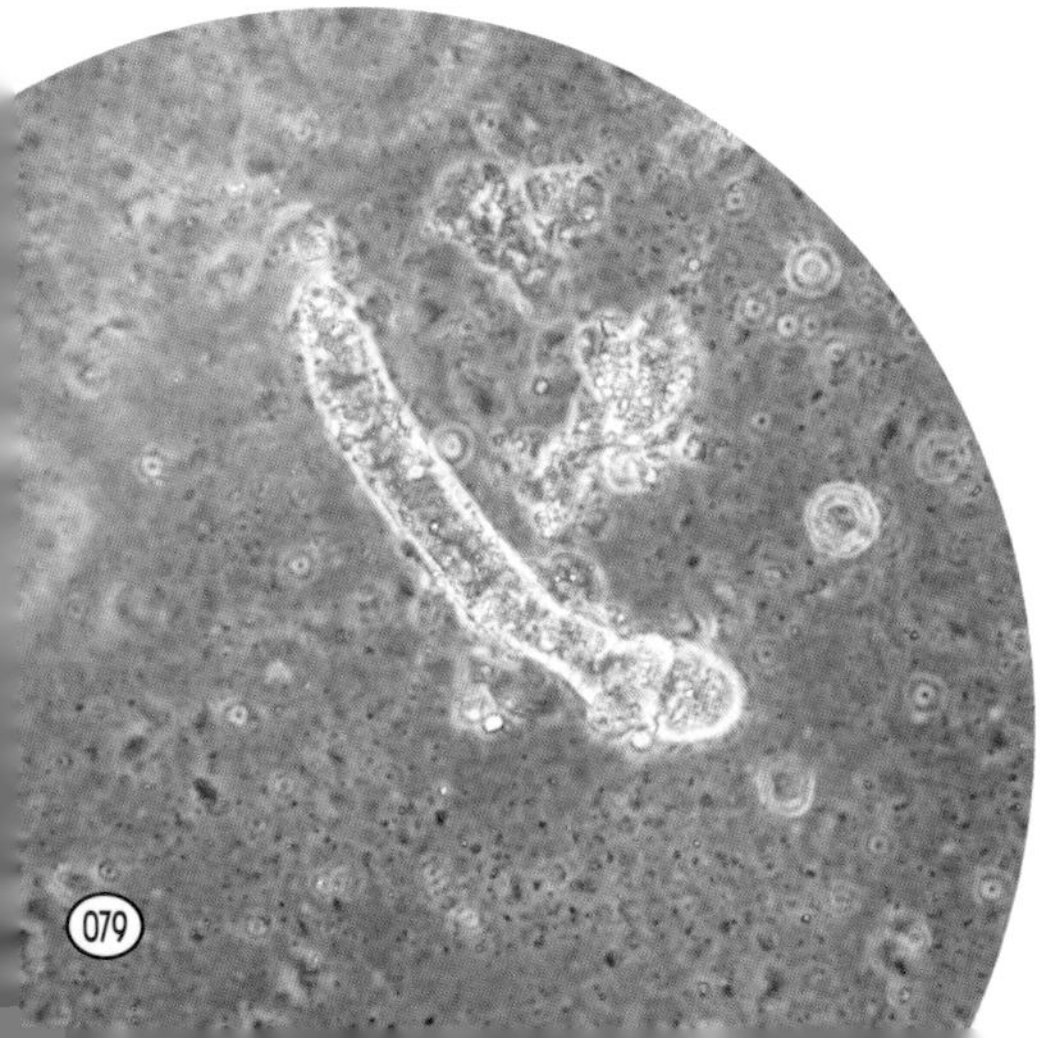

ニハイチュウ©幸塚久典

ありえない FILE NO. 30

扁形動物門 Platyhelminthes

ヒラムシ

オス役をめぐる仁義なき戦い「ペニスフェンシング」

獰猛なヒラムシ

ヒラムシはこう見えて肉食です。やはりワイルド。巻き貝や二枚貝、ホヤなど動きがゆっくりなものや動かないものを襲って食べています。平べったい体で養殖のカキの中に潜り込み中身を食べてしまうものがいて、ちょっと厄介者扱いされているようです。

ニセツノヒラムシの仲間

ヒラムシの仲間はそのほとんどが雌雄同体。しかし、アメフラシ（p82）のようにみんな仲よく♪というような平和な世界ではないようです。

2匹のヒラムシが出会うと、オス役をめぐる戦いが始まります。正直なところメス役は大変。オス役は精子を渡せばお役御免ですが、メス役はその後、受精させた卵を産むところまでやらねばなりません。妊娠、出産というのは人間に限らずどの生きものにとっても命懸けでとてもエネルギーを使うものです。

さらにこの戦いの方法が独特です。オスの生殖器、つまりペニスを相手に突き刺し、その傷口から精子を流し込むというもの。そのため、この戦いはペニスフェンシングと呼ばれています。なんとこのペニスフェンシングは1時間ほど続くこともあるそうです。戦って傷を負い、さらに産卵までせねばならぬとはなんと過酷なのでしょう。しかし傷は24時間ほどで治ってしまいます。何を隠そうヒラムシは再生実験で有名なプラナリアと同じ扁形動物。再生能力が高いからこそ、こんな生殖方法が可能なのかもしれません。

勘違いされやすいのですが、負けたほうが性転換でメスになるわけではありません。雌雄同体ですから、あくまで今回はメス役をやるということ。次こそはオス役を獲得しようと密かに闘志を燃やしているのではないでしょうか。ヒラヒラと平べったく弱そうに見える生きものですが、なかなかワイルドな生き方です。

ありえない FILE NO. 31

アメフラシ

軟体動物門 Mollusca

何匹もくっついているのは××中

磯のアイドル、アメフラシ。春の磯に行くと、必ずと言っていいほど出会えるアメフラシは巻き貝の仲間です。巻き貝の仲間といっても、貝殻がほとんど退化して体の中に埋まってしまっているため、大きなナメクジといったほうがよいかもしれません。気持ちわるい〜と思われるかもしれませんが、あら不思議。ウサギのような角につぶらな瞳、ぽってりした体にヒラヒラをなびかせてゆっくり動く様子を見ていると、みなさんかわいく思えてくるようです。

さて、そんなアメフラシが何匹もくっついて見つかることがあります。あら〜いっぱいいる〜なんて微笑ましく見てくれるのは嬉しいのですが、ちょっと待ったぁ！　そ、それは交尾中です。しかも複数で…。

アメフラシは雌雄同体。一匹がオスメス両方の生殖器をもっています。ほねなしの世界では雌雄同体はそんなに珍しいことではありません。広大な海で同種が出会うことすら難しいとき、雌雄同体ならば繁殖のチャンスを必ずものにできます。すべての個体が卵を産むことができることも種の繁栄に有利ですね。

さらにアメフラシは大変都合のいいことに、オスの生殖器が体の右側面前方にあり、メスの生殖器が体の左側面後方にあるんです。この奇跡的な配置により、何体もの個体が連なって交尾することができます。最終的には環になることも可能らしい。見たいような見たくないような。

雨を降らせる？

アメフラシは危険を感じると紫色の汁を出します。この紫汁が海中に雨雲のようにモクモクと広がる様子から「雨降らし」と名づけられたとかちがうとか（諸説あります）。人間には特に害がありませんので、踏みつけて紫汁を出されたらとりあえず謝っときましょう！

アメフラシの仲間

ありえない FILE NO. 32

環形動物門 Annelida
ボネリムシ

オスの大きさ メスの20分の1

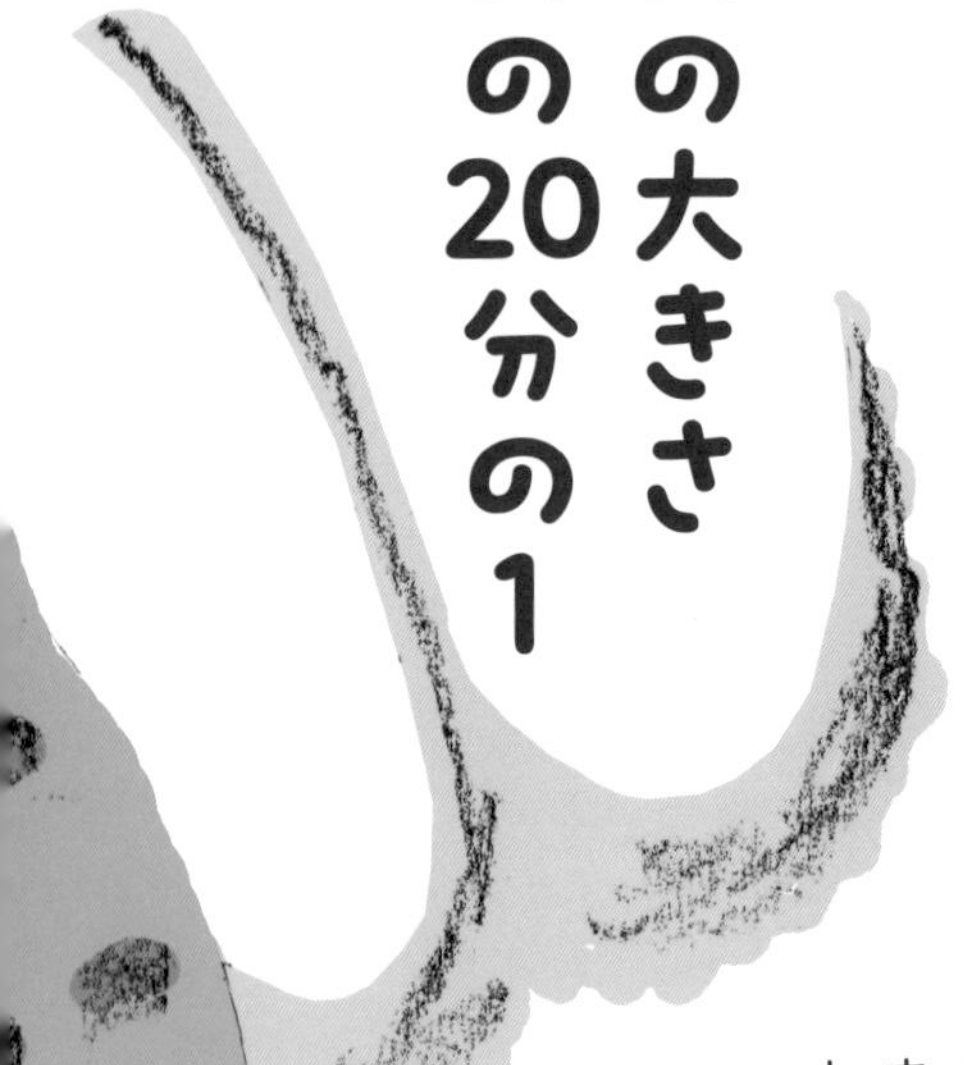

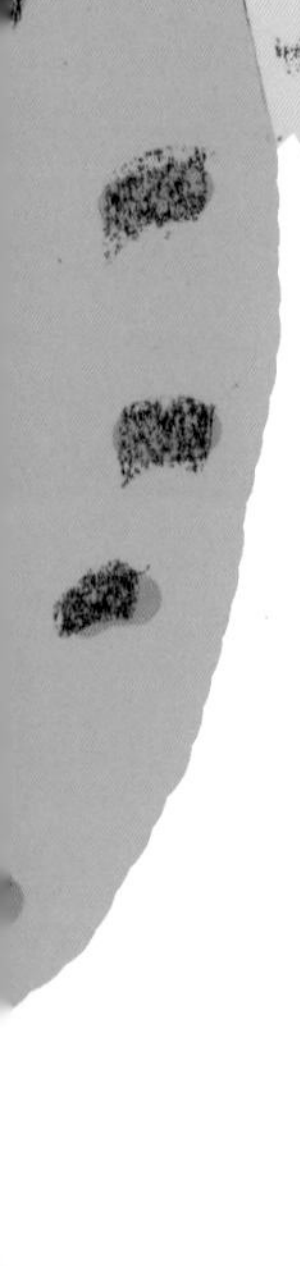

オスとメスで大きさや形に違いがあることを性的《せいてき》二形《にけい》といいます。人間も男性と女性では身体つきに少し違いがありますね。でもほねなしの世界の性的二形はちょっと違うなんてものではありません。おもしろい例を一つ紹介するとしたらボネリムシ。

ボネリムシは環形《かんけい》動物の仲間です。楕円形のふっくらした胴体から、二股に分かれた体長の2倍以上はある長い吻《ふん》を伸ばし、獲物を捕まえて食べています。しかし私たちがボネリムシと認識できるものはすべてメス。メスの体長が2㎝くらいだとすると、オスは1㎜程度の大きさです。そしてオスは吻も口さえもなく、もはや精子を供給するだけの器官としてメスに寄生しています。

　これが幸せかどうかは別として、どうやってオスとメスが決まるのでしょう。じつはプランクトンとして海水中を漂っている幼生の間は、雌雄は決まっていません。幼生がメスを発見して、メスに付着できるとオスに変態します。一方、別の場所に着底して変態し、成長するとメスになるようです。

　ではメスに付着した幼生を変態途中で引き剥がすとどうなるのか？　そんな実験をした人がいます。なんと、メスともオスともいえない中途半端な個体に育ったそうです。つまりどうやら幼生をオスにさせる物質がメスから出ているらしい。おそろしや〜。

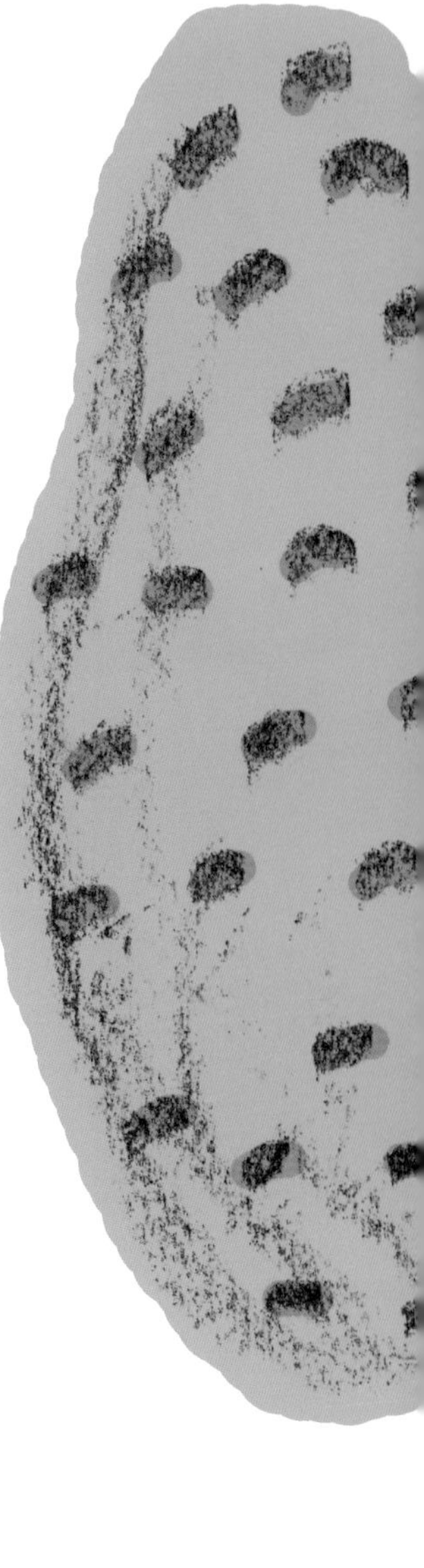

極端に小さいメスがいない理由

性的二形を示す生きものではメスをめぐって争ったり、メスにアピールするためにオスのほうが大きかったり派手だったりするものが多いです。一方で、ボネリムシのように極端に小さいオスは矮雄（わいゆう）と呼ばれます。しかし極端に小さいメスが存在しないのは、やはり出産・産卵には多大なエネルギーが必要だからでしょう。

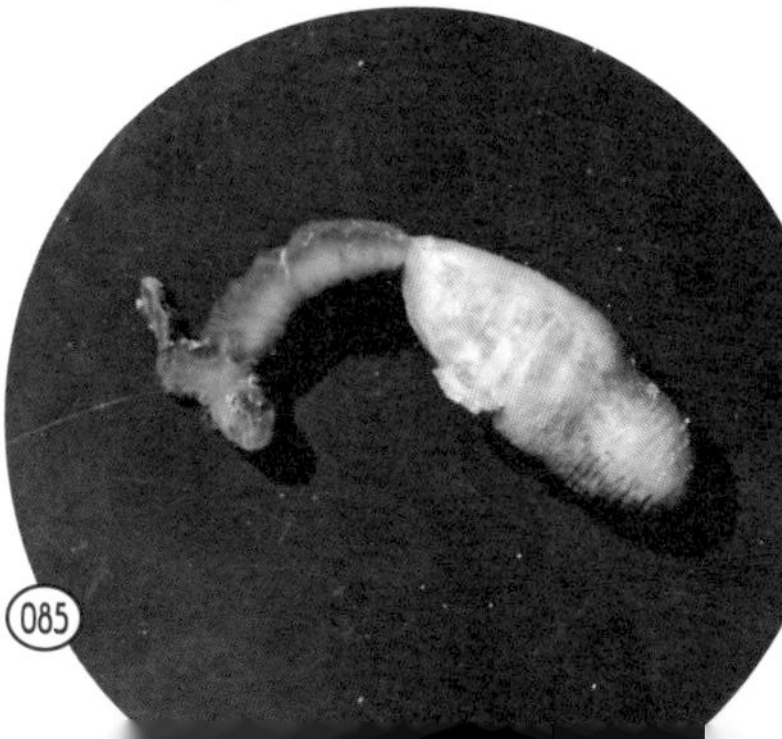

ボネリムシの仲間（メス）

ありえない FILE NO. 33

環形動物門 **シリス** Annelida

あるとき、自分が2つに分裂

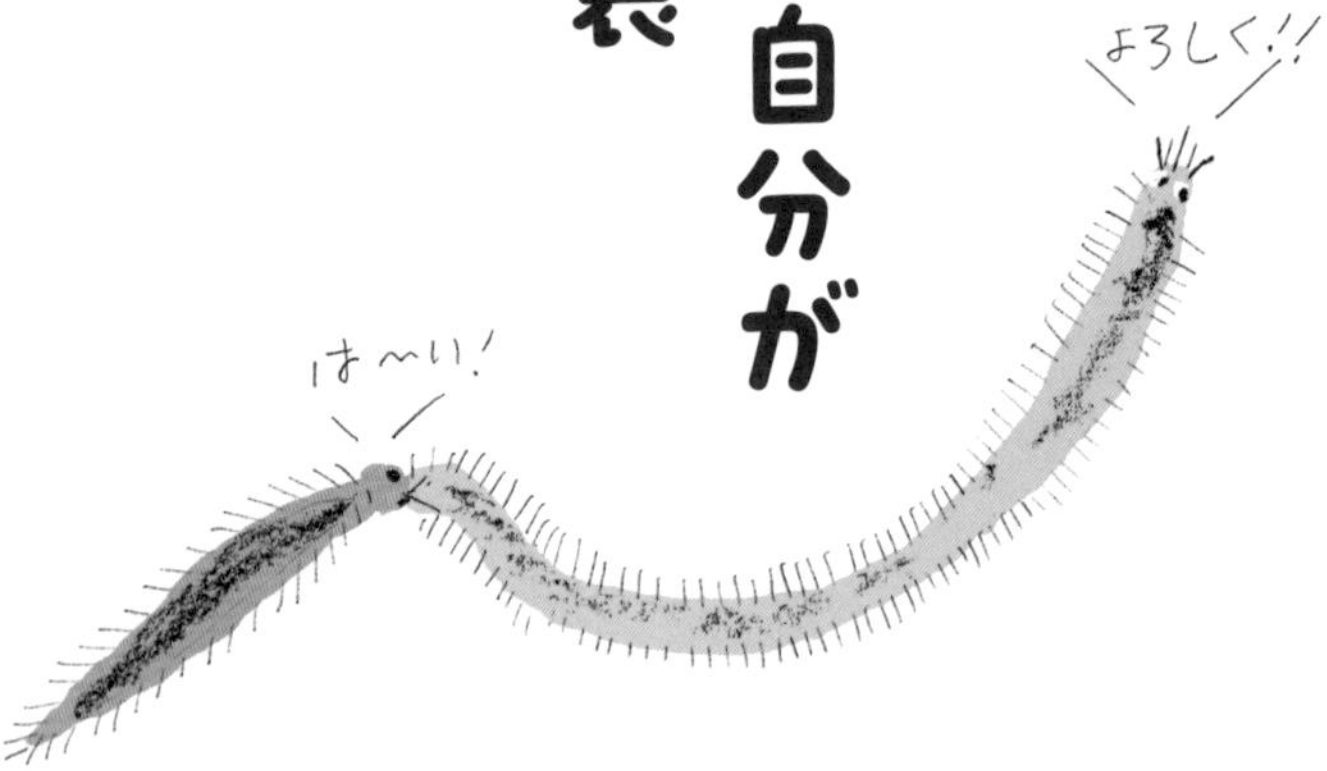

ゴカイに代表される環形《かんけい》動物門の多《た》毛《もう》類の多くは、1対のいぼ足と剛毛をもつ同じ形の体節が繰り返される体の構造をしています。p60で紹介したようにこの家をつくって定着して暮らすものもいますが、自由に暮らすものもいます。しかし、どちらにせよみんなのご馳走であるのは同じ。そのため自由生活のものも普段は安全な砂の中などに身を隠していることがほとんどです。

でもどうしても外出せねばならぬときがあります。それは繁殖期。この時期、夜の海は泳ぐ多毛類だらけになります。生殖腺はもちろん、泳ぐために筋肉・剛毛そして目もいつもより発達させ、一斉に水面に泳ぎ出し精子や卵子を放出するのです。外に出るということは食べられる危険性が増すということ。実際、魚にとってはご馳走パー

ミドリシリス©幸塚久典

夜のパーティー

バチ（多毛類の総称）が生殖のために泳ぎだす現象は、バチが地中から抜け出してくるので「バチ抜け」と釣り界隈では呼ばれています。バチが集まり魚が集まり、釣り人が集まるというわけです。ピーク時にはびっくりするほどの数のゴカイが集まるので、はじめての人はちょっと閲覧注意です。

ティーのようなものです。

ところが環形動物門のなかでもシリスの仲間にはその危険を回避する凄技を編み出したものがいます。ふつうは繁殖期に向けて体全体を仕上げていくのですが、シリスは体の後端部だけを発達させます。そして発達させた部分の前端に目や触覚のついた頭も新たに形成してしまうのです（つまり体の途中にもう一つ頭ができちゃう）。最終的には遊泳および繁殖に特化したこの自分の分身だけを切り離し繁殖に参加させます。自分は安全な場所に身を隠したまま。分身は繁殖を終えると死んでしまいますが、本体は尾部を再生してまた新たに分身をつくり出すことができるようです。これも同じ構造が繰り返されるつくりの体だからこそできる神業なのかもしれませんね。

ありえない FILE NO. 34

節足動物門　Arthropoda

ホッコクアカエビ

6歳になったら みんな女の子

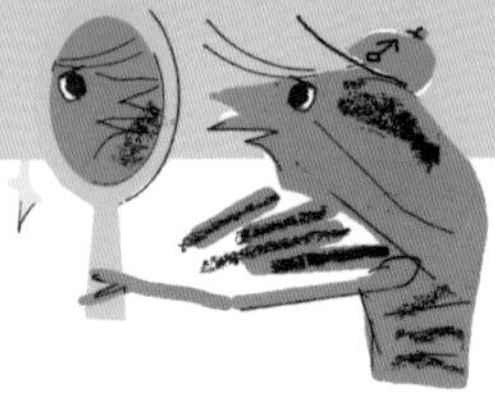

お寿司のネタは何が好きですか？　お魚もいいけど、甘エビなんかもおいしいですよね。じつはみなさんが食べている甘エビことホッコクアカエビが性転換することはご存じでしょうか？　しかも全員。年齢に応じて。4歳までは全部オス、5～6年目ですべてメスに変わります。ちょっとビックリですよね。人間もこうだったら生まれてくる子どもの服に悩まないのに。

　ホッコクアカエビのメスは最大で6000個近くの卵を10カ月も抱卵します（あら、人間とほぼ一緒！）。そのため2年に1回のペースで産卵します。卵を産んで育てるのはやっぱり大変！　体力がいるし、体は大きいほうがたくさんの卵を抱えることができます。だからまだ体が小さいうちはオスとして子孫を残し、大きくなってからはメスとして次の世代

水の中では性転換しやすい？

魚にも性転換するものがけっこういます。クマノミなんかが有名ですね。どうやら性転換のしやすさ（体をつくり変えることができるか）は骨があるかないかよりも、水の中かどうかが重要なようです。

を育てるのですね。なんだかすごい働き者！

性転換で体の構造を変えるにはものすごいエネルギーが必要なはずです。そしてその後に子育てまでするバイタリティ。甘エビがほかのエビよりとびきり甘くておいしいのは、これだけのエネルギーをもっているからかもしれませんね。ちなみにカキの仲間も性転換することが知られています。しかもこちらはオスになったりメスになったり、環境や周囲の個体密度などにより臨機応変に性転換するらしい。やっぱりおいしいものは性転換するのか？

ホッコクアカエビ

ありえない
FILE NO.
35

節足動物門 Arthropoda

ドウケツエビ

究極のパートナーシップ

カイロウドウケツの仲間

結婚式の常套句

カイロウドウケツという名前は「偕老同穴」という故事成語に由来します。その意味は共に暮らして老い、死んだ後は同じ墓に葬られること。夫婦が仲睦まじく添い遂げること、契りが堅く仲がよいことの例えに用いられます。まさにピッタリですね！　そのため、結婚の縁起物としてお祝いに贈られることもあるそうです。

長年連れ添っている仲よし夫婦というのは微笑ましいものです。しかし、離婚どころか別居も許されない…一生同じ家から出てはいけないと言われたらどうでしょう。そんな厳しすぎる契りを守る生きものがいます。

カイロウドウケツはp14で紹介したガラスの骨格をもつ深海性の海綿動物です。円柱形の編みかごのような形をしています。非常に細かいガラスの格子の中は空洞。ドウケツエビというエビはこの中を住まいとするのです。どうやって中に入るのかというと、格子をすり抜けられるくらい小さく遊泳能力もある幼生の頃にやってきます。幼生の頃はまだ雌雄は決まっていません。中で成長していくうちに雌雄のペアを形成し、その頃には、もう外へは出られなくなってしまいます。淘汰されて最終的に2匹になるようです。

カイロウドウケツが採れると、成熟したドウケツエビのつがいが中からよく見つかります。夫婦でずーっと同じ家の中。不便じゃないのかと思いきや、ドウケツエビは海綿動物が海水を濾過するときに網に引っ掛かったおこぼれを食べているので食事には困らない。さらにカイロウドウケツの中は、自分たちも出られませんが敵も入って来られない安全な場所。海水も濾過されていて清潔。なかなか快適なようです。めでたく生まれた子どもたちは格子の隙間をすり抜け、マイホームを探しに旅に出ます。カイロウドウケツとの特殊すぎる共生は、暗く資源に乏しい深海で安全な棲み家と餌と伴侶を確保できる賢い生存戦略なのです！

ありえない FILE NO. 36

節足動物門 Arthropoda

ツノオウミセミ

1種類のメスと3種類のオス

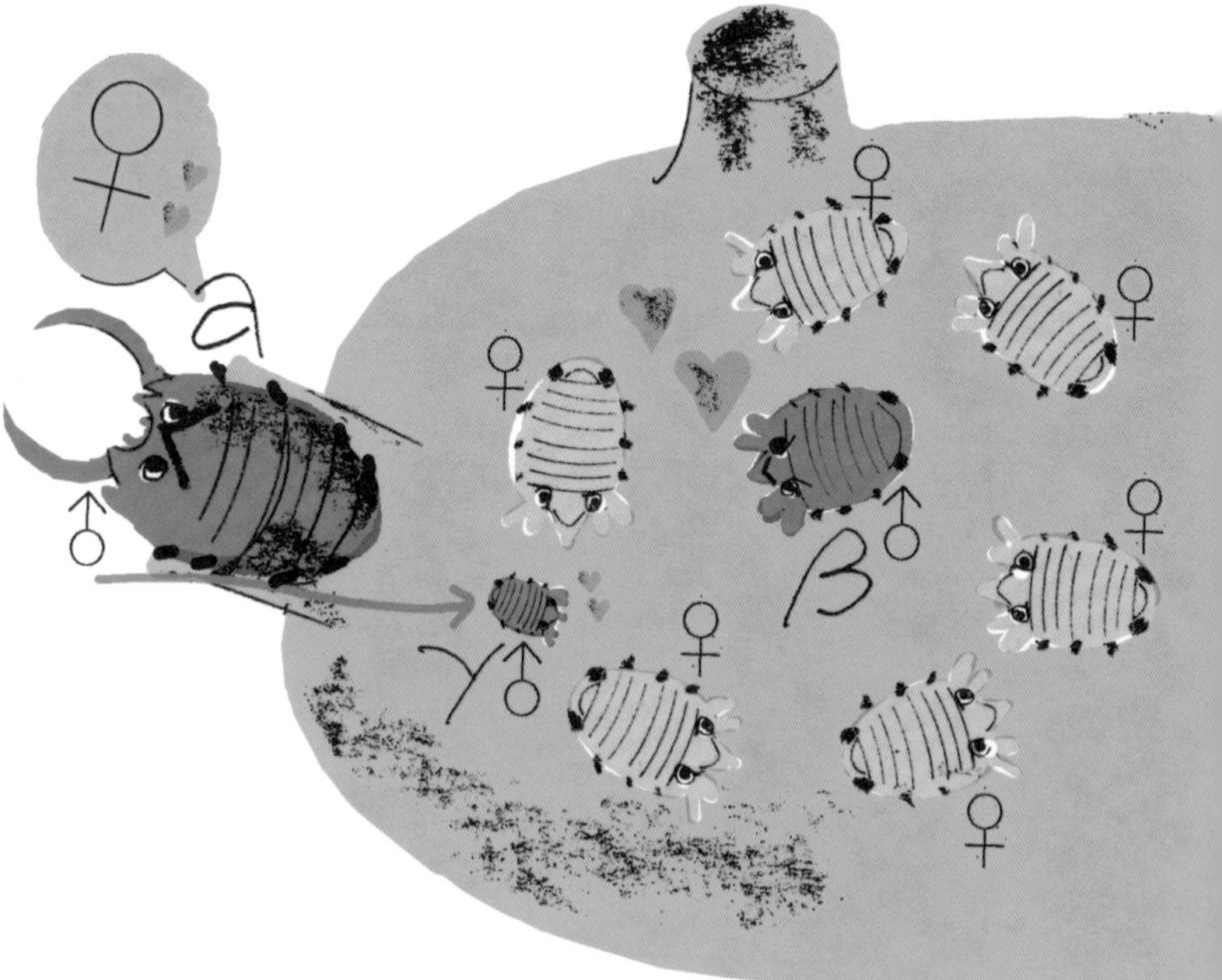

男の人は背が高いほうがモテる！　なーんて身長をコンプレックスに感じている人もいるかもしれません。でも背が高くても低くても、それを強みにたくましく生きている男たちがいます。

ツノオウミセミという海にいるダンゴムシのような生きものは、オスが3種類いることが知られています。主な違いはその大きさ。大きいα、中くらいのβ、小さいγ。どのサイズになるかは、もう遺伝で決まっています。牛乳を飲んでも鍛えても無駄なのです。大きいオスαはカイメンを利用した巣の中に、メスと未成熟個体を複数かこいこみ、ハーレムを形成します。そして巣の入り口に陣取り、ほかのオスや敵が来ないように守ります。

やっぱり大きいほうが有利じゃん！　と思うでしょうか。しかし、なんとこのハーレムの中にちょうどメスと同じくらいのサイズのオスβがメスのフリをしてこっそり紛れ込むのです！　そしてちゃっかり子孫を残す。さらに、オスβよりももっともっと小さいオスγは小ささを活かしてオスαのガードを潜り抜け、ハーレム内に侵入します。そしてやっぱりちゃっかり子孫を残します。オスγはオスαの10分の1ほどの大きさしかありません。確かにこれじゃ気づけないかも。守るのも大変だ…。

繁殖率は同等なため、変わらず3種類のオスが出現するというわけです。持って生まれた強みを活かす！　見習いたい生き方ですね。

ダンゴムシは珍しい？

ウミセミは節足動物の等脚類というグループに分類されます。等脚類は海にいるダンゴムシと説明することが多いのですが、じつは等脚類の多くは海におり、陸にいるほうが珍しいです。だから家の近所でよく見るダンゴムシの正式名称はオカダンゴムシ。浜にはハマダンゴムシがいます。

ウミセミの一種©幸塚久典

ありえない
FILE NO.
37

節足動物門　Arthropoda

フジツボ

ペニスの長さ体の8倍

フジツボという生きものをp36で紹介しました。岩などに張りついて一生を過ごす付着生物です。貝のように見えるけど、じつは甲殻類の仲間。あの硬い殻の中にエビが仰向けに寝転がったような体が入っていて、蓋つきの殻から脚だけを出して餌を濾しとります。栄養スープのような海だか

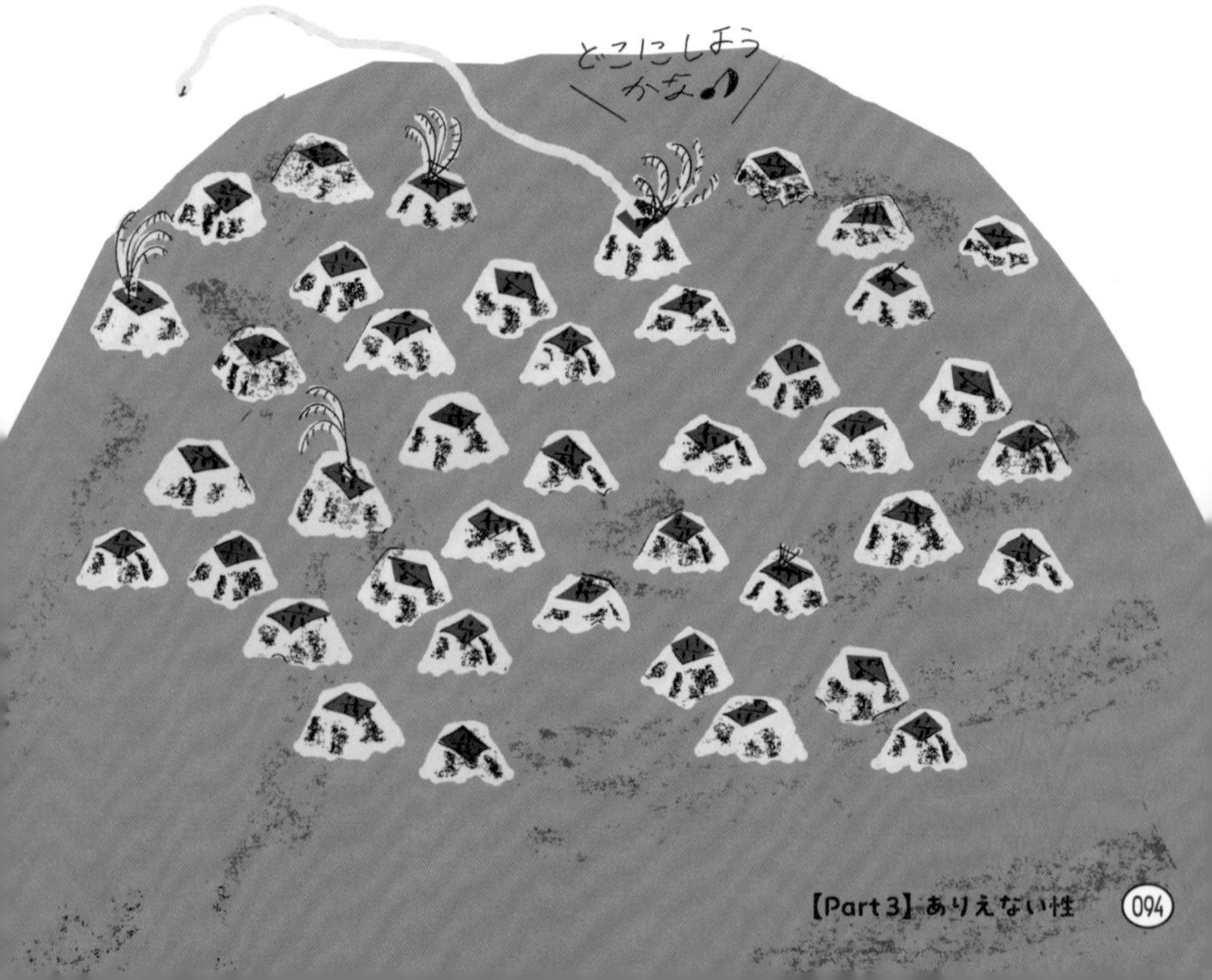

らこそできる生き方ですね。そしてほかの甲殻類と同じようにちゃんと脱皮して成長します。

付着生物は一般的に海中に放卵・放精をして受精させる体外受精をします。動けないのだから当たり前かもしれませんが、フジツボは違います！ ご先祖様の名残でしょうか、動き回ることができるほかの甲殻類のエビやカニと同じように交尾をして体内受精をします。でも動けないのにどうやって？ それを解決するのがとびきり長いペニスです。なんと体長の約8倍にまでペニスを伸ばすことができるそう。

フジツボは泳げる幼生のときに仲間の匂いを感知し、できるだけ同種の近くに着底しようとします。そのため密集して暮らしていることが多いです。体長1㎝のフジツボならば、その半径8㎝はアタックチャンスがあるということ。しかもこのペニス、相手に触れることでご近所さんの卵の成熟度合いを感知することもできる。これなら動けなくても大丈夫！ というわけです。

繁殖への執念

フジツボの仲間はそのほとんどが雌雄同体です。オスでありメスである。これは甲殻類ではやはり珍しく、できるだけ繁殖のチャンスをもちたいという執念をここにも感じます！

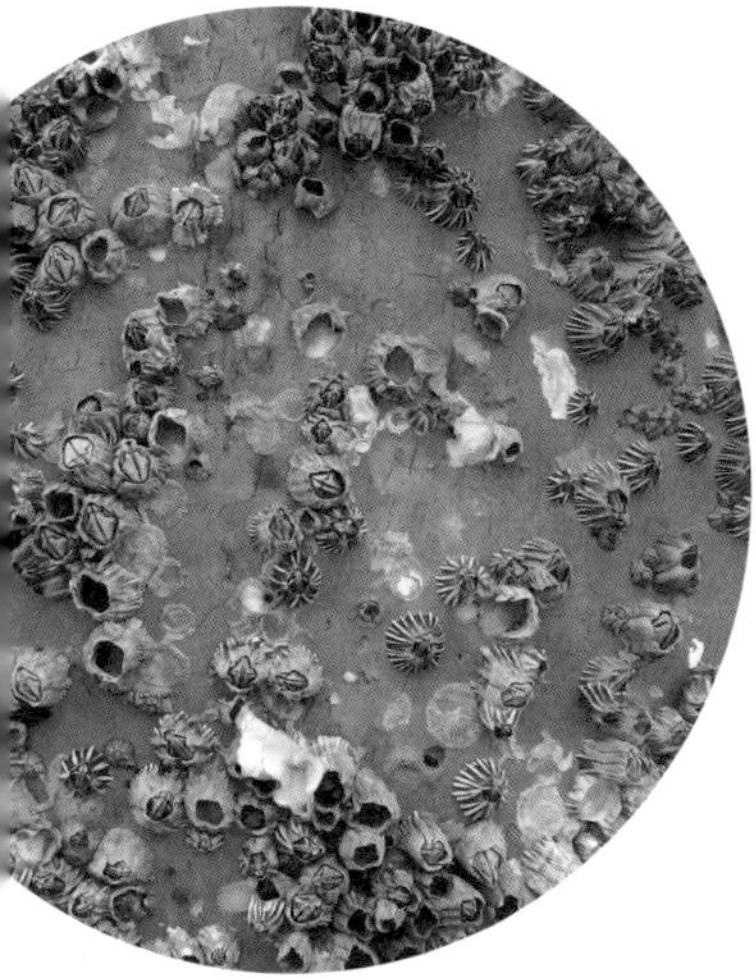

厳島神社の鳥居に付着したフジツボ類

ありえない
FILE NO.
38

カクレガニ

節足動物門 Arthropoda

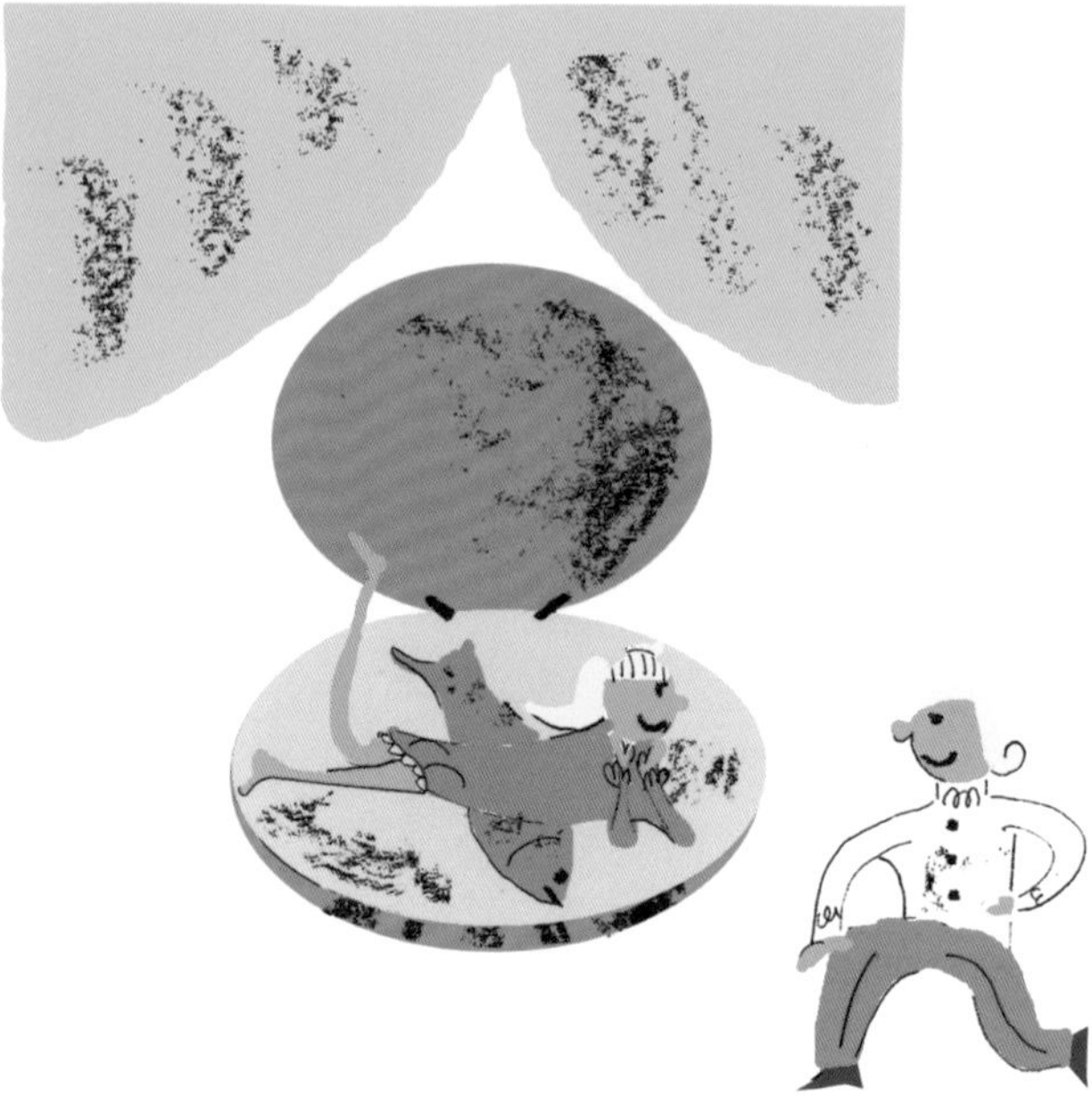

主流は通い婚

アサリの味噌汁を飲んでいたら小さなカニが入っていた！　なんてことはありませんか？　カニの赤ちゃんが紛れ込んでしまったのかなと思う人が多いようですが、じつはそのカニは立派な大人のカニです。通称ピンノと呼ばれるカクレガニ科の仲間のカニは、特定の生きものに寄生する小さなカニなのです。

ピンノはまだ小さい幼生の頃に、アサリの貝殻の隙間から中へ侵入します。そのままアサリの中で成長すると、自力では貝から出られないくらい大きくなってしまいます（一見カニとは思えないくらいぷっくり丸々としています）。つまり一生を貝の中で過ごすことになります。

でもこれはメスに限ったこと。じつはオスはメスより体が小さくスリムで、貝を出入りすることができます。そのため繁殖期になると、オスはメスを探して泳ぎ出し、メスのいる貝を訪れるのです。平安貴族のようですね。メスは安全な貝の中で待つだけ。オスは（足しげく？）そこに通うことで恋愛が成就するようです。ちなみに稀にオス・メス両方が貝に入っていることもあります。アサリを食べるときは注意してみてくださいね。

　ピンノは種類によって特定の貝に寄生することが多いです。そうすることでオスとメスが出会いやすくなるのでしょう。味噌汁などに用いるシジミにもシジミピンノという種が寄生することが知られています。しかし、シジミピンノはレア！　私も出会ったことがありません。見つけたらぜひお知らせください。

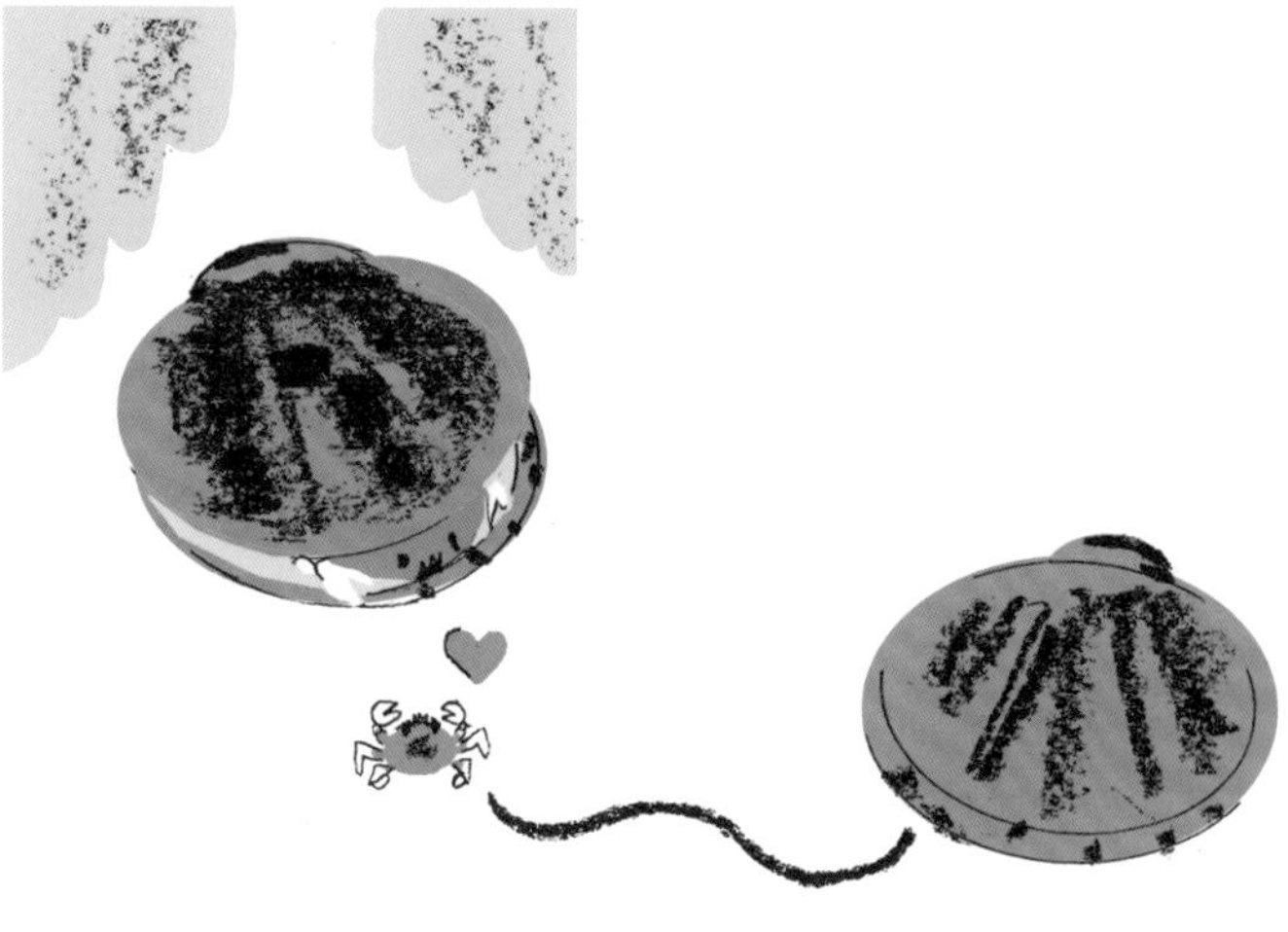

大きいものから小さいものまで

アサリによく見られるオオシロピンノはメスで1㎝程度。オスだと5㎜くらいしかなく世界最小クラスのカニです。一方、世界最大のカニ、タカアシガニは脚を伸ばすと3m以上のものも。甲羅が最大のタスマニアキングクラブは甲幅60㎝にもなるそうです。ピンノを見るたび小人や巨人も可能なのではと思ってしまいます。

味噌汁のアサリの中にいたオオシロピンノのメス

ヒトデ

棘皮動物門　*Echinodermata*

腕1本から再生しちゃうぞ！

いくら再生能力が高いからといって、腕一本から体すべてが再生できるとしたらだいぶホラーですね。でもこれを実現できるヒトデが現実にいます。

一般的にヒトデの仲間は再生能力が高いです。ちょっとケガをしたくらいならすぐ治るし、腕1本がちぎれても大丈夫。また生えてきます。なんならこの特性を活かして、敵から逃げるためにわざと腕をちぎる（自切《じせつ》する）ヒトデもいます。

それでもさすがにちぎった腕のほうから再生するのは難しい。ヒトデは背側の真ん中あたりに、多孔板と呼ばれる外界から海水を取り込むフィルターつきの吸水口のような器官をもちます。この多孔板は水管系という海水に似た組成の液体が充満した体内の管につながっています。水管系は管足《かんそく》と呼ばれるヒトデが移動に使う足につながっていて、とても重要な器官です。そのため一般的にこの多孔板がないと再生できません。つまり、真っ二つに分かれたとしても多孔板のないほうは死んでしまうということです。ふつうはね。

しかしホウキボシ科に属するヒトデたちはヒトデ界の常識さえも覆してきます。タイトルのとおり、腕1本からでも再生しちゃうのです。大きな腕1本から残りの小さな4本の腕が生えてくる様子がまるでほうき星（流れ星）のようであることからこの名がついています。英語でもコメットスター。それにしても、1匹から5匹になれちゃうってこと。やばいわー。

腕を再生中のゴマフヒトデ

八つ裂きヒトデ

自切して分裂することで個体数を増やすヒトデはほかにもいます。有名なのはヤツデヒトデで、その名のとおり8つの腕をもつヒトデ。隙あらば分裂するようで、腕の長さが揃っているものを見つけるほうが難しい。ヤツデヒトデは多孔板を複数もつことで分裂を可能にしています。

骨がないのに骨にしみるコラム 5

マイナーな生きものを検索するコツ

学名は生きものにつけられる世界共通の名前です。「ヒトデ」などの日本語の一般的な呼び名はほぼ日本でしか通じません。でもいまや研究はグローバル！　そのため学名はとても便利で重要なものなのです。

そうはいっても一般人には関係ないでしょ？　長いし英語だし…と思うかもしれません（実際はラテン語）。しかし現代では私たちにも大いに使い道があるのです。それがインターネット検索！　インターネットの発達により、私たちは世界中から情報を得られるようになりました。学名は名前というよりも、その生きものの「情報を引き出すためのラベル」のような役割を果たします。学名がわかれば、日本語で検索するよりもずっと多くの情報が得られます。学名を調べるのも簡単。「〇〇　学名」と検索すればだいたい出てきます。

この本を読んで気になった生きものがいたら、ぜひ調べてみてください。写真や、時には動画も見ることができます。特に、マイナーな生きものや日本にいない生きものは、学名で調べてみるとビックリするくらいたくさんの写真が出てきたりします。一昔前ではありえないことでした。かつては研究者でも図でしか見たことがない生きものがたくさんいました。とても恵まれた現代に生きていることに感謝し、さらにめくるめくほねなしの世界を堪能しましょう！

おすすめサイト

海洋生物の多様性と分布情報のデータベース
BISMaL

https://www.godac.jamstec.go.jp/bismal/j/index.html

日本近海の海の生きものについて「和名→学名」「学名→和名」どちらも調べられます。
また、ほかの生きものとの系統関係や分布など、さまざまな情報が得られます。

Part 4

ほねなし図鑑

ユニークな姿形も生き方も、
多様な環境に適応して
それぞれに進化してきたからこそ。
33のほねなし+1のほねあり（脊椎動物）
の紹介です。

すべてはたった一つの共通祖先から

ここまで読んでくださったみなさま、え〜ありえない！　と思える生きものに出会えたでしょうか？　しかし、まだ終わりません。このPartではここまでご案内しきれなかったものを含む、34動物門すべてを紹介します。また生きものの進化の道筋を示した系統樹も、次の見開きに載せました。知られざる動物たちの多様性、壮大な歴史、広がりを感じていただけたら幸いです。

動物はたった一つの共通祖先から、二つ以上の生きものに分化することを繰り返して進化してきたと考えられています。そのため家系図のように進化の道筋を図に表すことができます。その図は木が枝分かれする様子に似ているので系統樹と呼ばれています。近い系統樹を見ることでグループ（あるいは種）同士の類縁関係を知ることができます。近いものほど共通する特徴が多いということです。

早い段階で進化してきたものを原始的といったりします。生きた化石などといわれる、昔から形を変えずに現代も生きているものもそうですね。しかし原始的なものが下等なわけではありません。生きものに下等・高等はなく、どれも独自の形や生き方で今に適応して生きている対等なものたちです。ぜひそれぞれのユニークな特徴を楽しみながら、お気に入りを見つけてください。

図鑑ページの見方

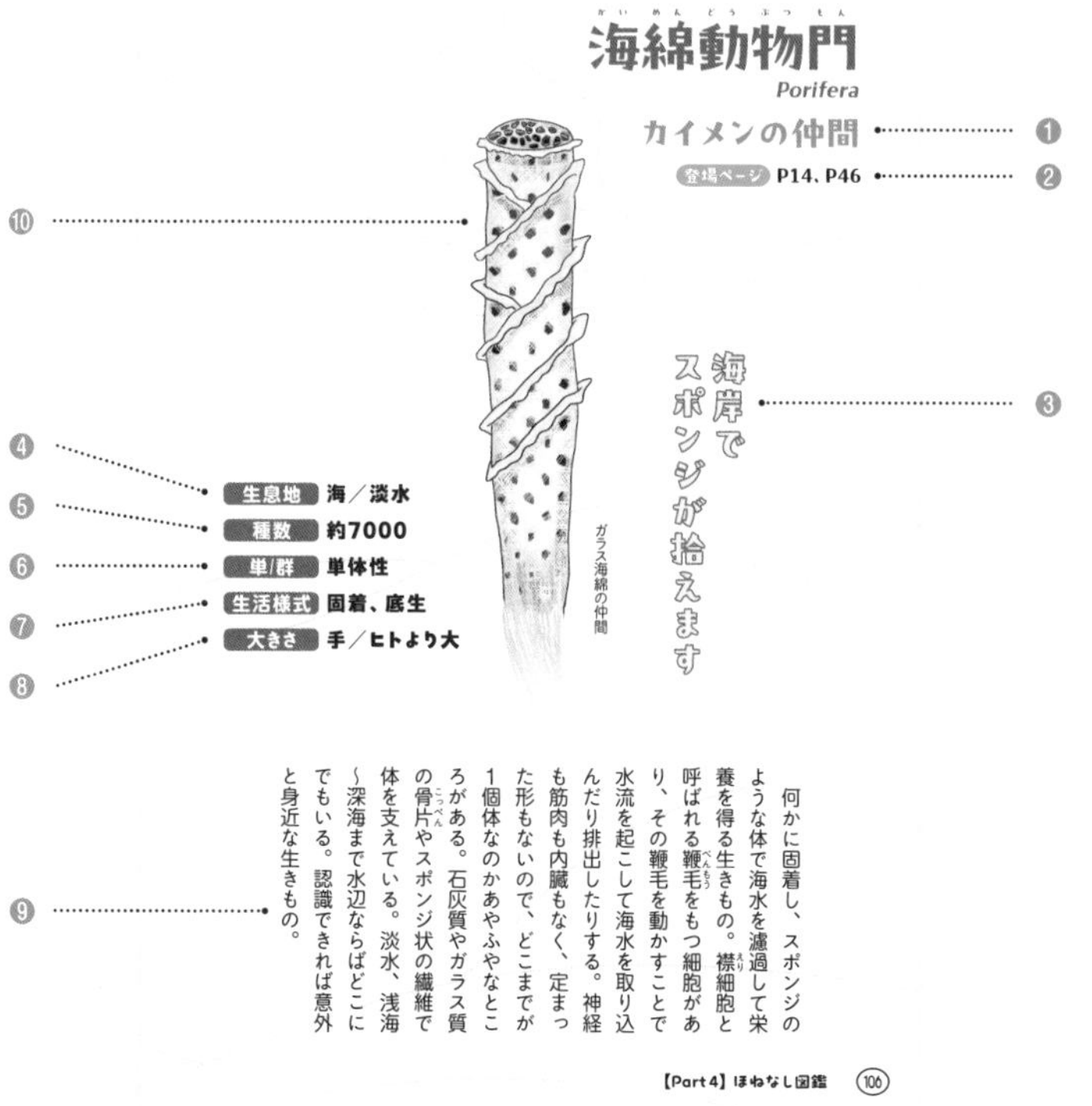
海綿動物門《かいめんどうぶつもん》
Porifera
カイメンの仲間
登場ページ P14、P46
海岸でスポンジが拾えます
生息地 海／淡水
種数 約7000
単/群 単体性
生活様式 固着、底生
大きさ 手／ヒトより大
ガラス海綿の仲間
何かに固着し、スポンジのような体で海水を濾過して栄養を得る生きもの。襟《えり》細胞と呼ばれる鞭毛《べんもう》をもつ細胞があり、その鞭毛を動かすことで水流を起こして海水を取り込んだり排出したりする。神経も筋肉も内臓もなく、定まった形もないので、どこまでが1個体なのかあやふやなところがある。石灰質やガラス質の骨片《こっぺん》やスポンジ状の繊維で体を支えている。淡水、浅海〜深海まで水辺ならばどこにでもいる。認識できれば意外と身近な生きもの。
【Part 4】ほねなし図鑑 106
①
②
③
④
⑤
⑥
⑦
⑧
⑨
⑩

① その動物門の一般的な呼び名を入れています
② Part1〜3とコラムで紹介しているページです
③ 著者ひとでちゃんの一言
④「海」「淡水」「陸」のうち、どこで見つかるかを示しています
⑤ 名前(学名)がついているものの、おおよその種数です
⑥ ヒトのような単体性か、サンゴのようにクローンの個虫が集まった群体性かを示しています
⑦「固着」「浮遊」「底生」「寄生」のうち、どの生活様式かを示します
固着………何かにくっついて生活する(付着、定在ともいう)
浮遊………水中や水面上で自由に生活する(遊泳も含む)
底生………水底の表面や砂泥の中で自由に生活する
寄生………他の生きものの内部や表面に棲み、宿主から栄養を摂取して生活する
⑧ どのくらいの大きさの種を含むか、「顕」「手」「ヒトより大」の3段階でざっくりと表しています
顕…………顕微鏡で見る大きさ(約5㎜以下)
手…………人の手で持てるくらいの大きさ
ヒトより大…人より大きくなる
⑨ 体や生態の特徴、名前の由来などを解説しています
⑩ 生きものの一例をイラストで示しています(©ひとでちゃん)

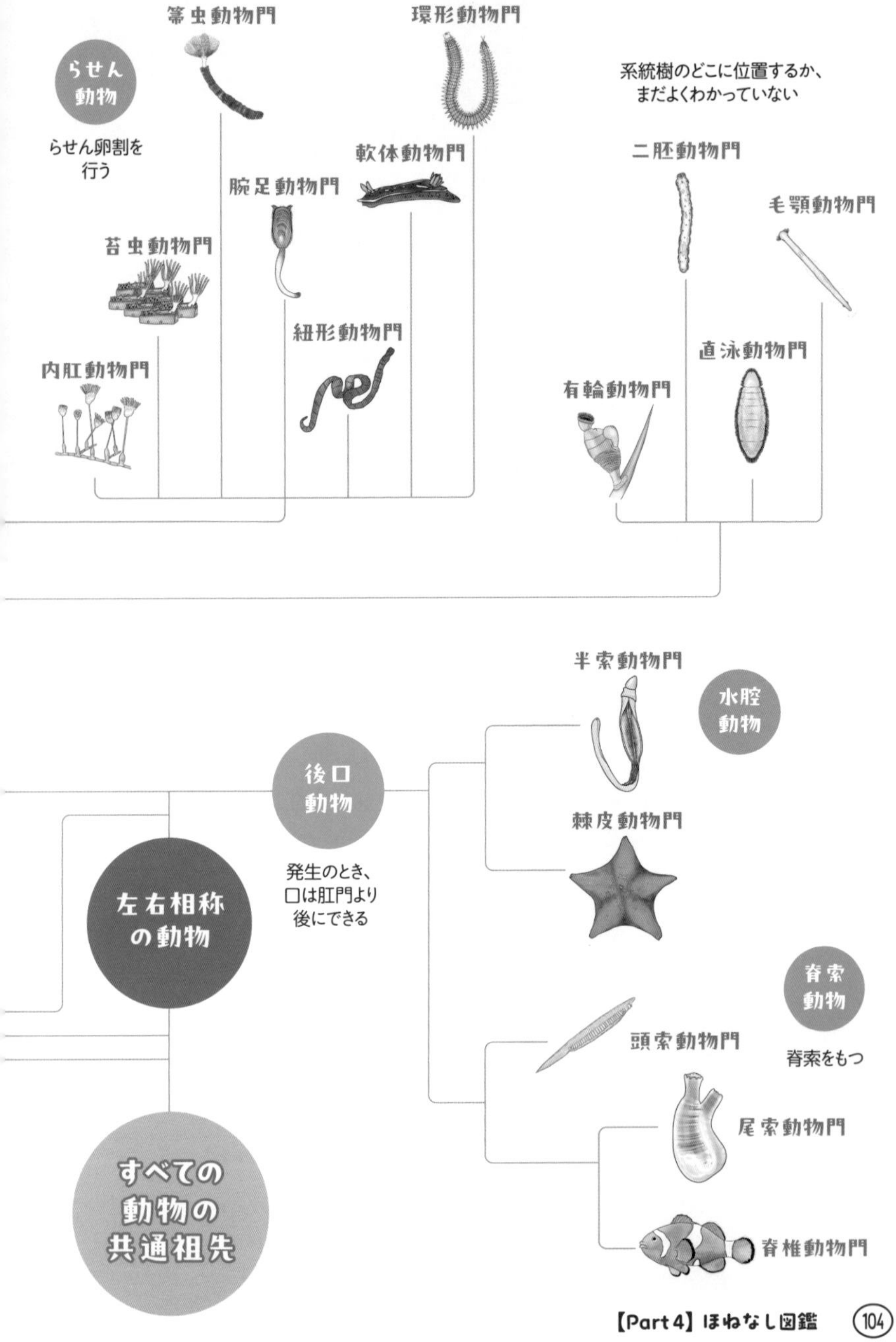

らせん動物
らせん卵割を行う
箒虫動物門
環形動物門
軟体動物門
腕足動物門
苔虫動物門
紐形動物門
内肛動物門
系統樹のどこに位置するか、まだよくわかっていない
二胚動物門
毛顎動物門
直泳動物門
有輪動物門
半索動物門
水腔動物
後口動物
発生のとき、口は肛門より後にできる
棘皮動物門
左右相称の動物
脊索動物
脊索をもつ
頭索動物門
尾索動物門
脊椎動物門
すべての動物の共通祖先

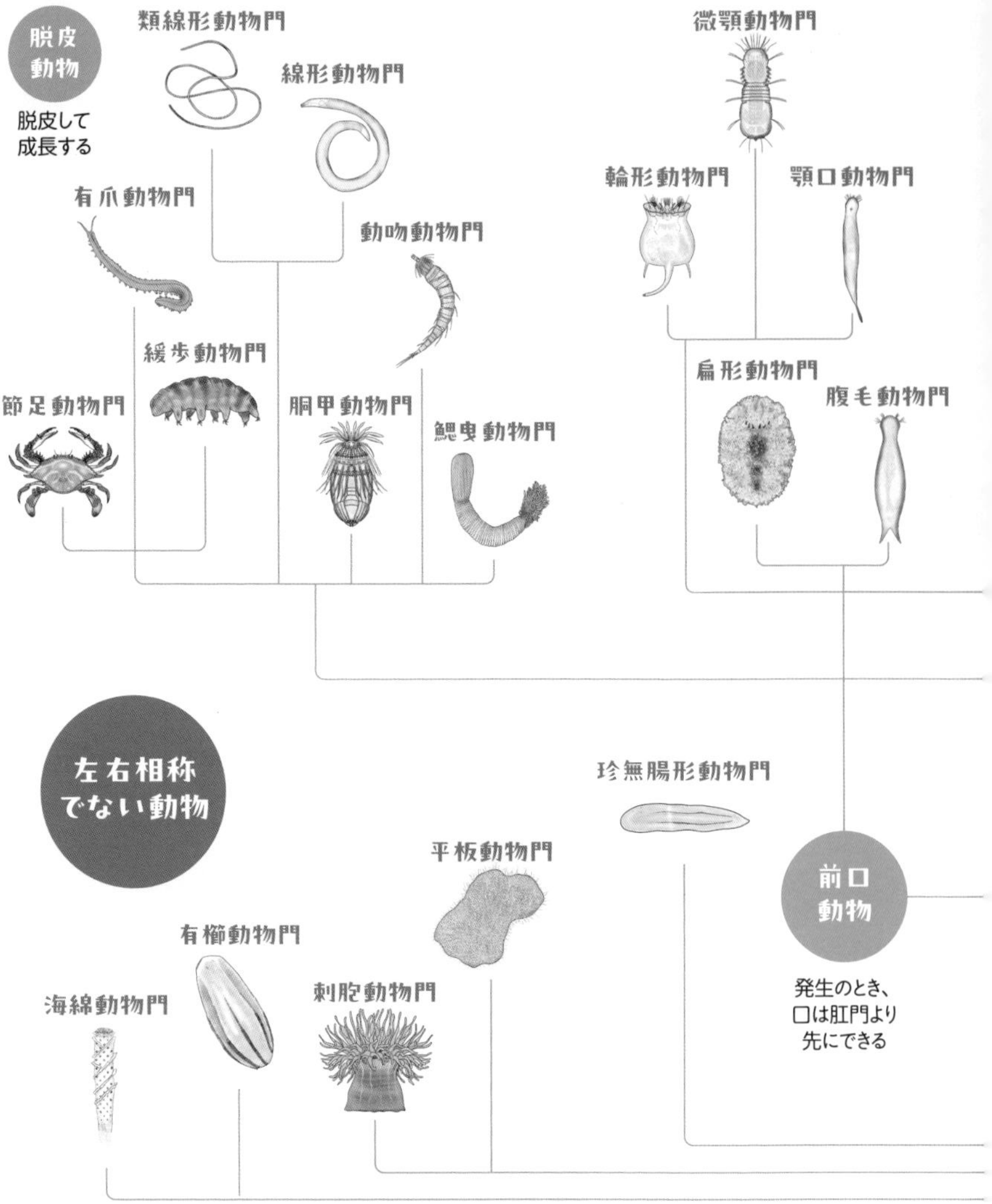
脱皮動物
脱皮して成長する
類線形動物門
線形動物門
有爪動物門
動吻動物門
緩歩動物門
節足動物門
胴甲動物門
鰓曳動物門
微顎動物門
輪形動物門
顎口動物門
扁形動物門
腹毛動物門
左右相称でない動物
珍無腸形動物門
平板動物門
前口動物
発生のとき、口は肛門より先にできる
有櫛動物門
刺胞動物門
海綿動物門

動物界の系統樹

※門の数やその分類・系統関係には諸説ある。本書では『動物学の百科事典』(日本動物学会編. 2018)に従い、門の数を34とし、上記の系統関係の仮説(系統樹)を採用した。これらは今後も見直しが進み、変わっていく可能性が大いにある(門内系統樹も同様)。

海綿動物門《かいめんどうぶつもん》

Porifera

カイメンの仲間

登場ページ P14、P46

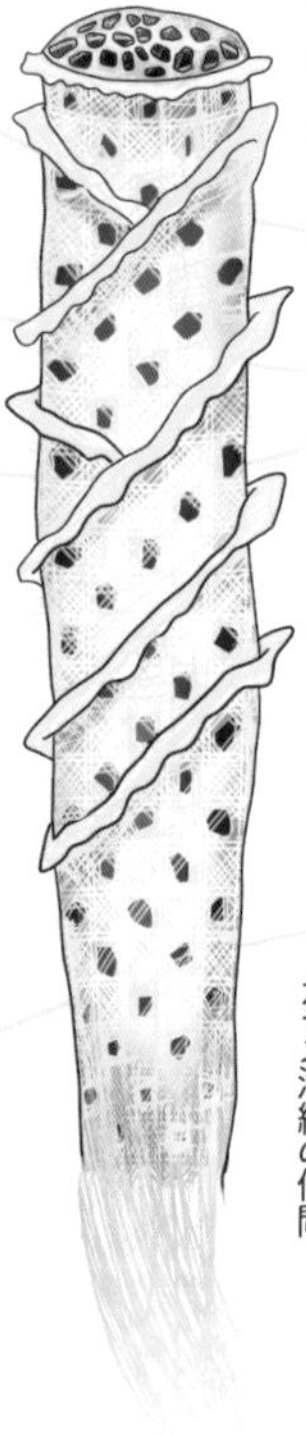

ガラス海綿の仲間

海岸でスポンジが拾えます

生息地	海／淡水
種数	約7000
単/群	単体性
生活様式	固着、底生
大きさ	手／ヒトより大

何かに固着し、スポンジのような体で海水を濾過して栄養を得る生きもの。襟《えり》細胞と呼ばれる鞭毛《べんもう》をもつ細胞があり、その鞭毛を動かすことで水流を起こして海水を取り込んだり排出したりする。神経も筋肉も内臓もなく、定まった形もないので、どこまでが1個体なのかあやふやなところがある。石灰質やガラス質の骨片《こっぺん》やスポンジ状の繊維で体を支えている。淡水、浅海〜深海まで水辺ならばどこにでもいる。認識できれば意外と身近な生きもの。

平板動物門《へいばんどうぶつもん》

Placozoa

センモウヒラムシの仲間

登場ページ P16

私は実物を見たことがない、見たい！

生息地	海
種数	約1
単/群	単体性
生活様式	底生
大きさ	顕

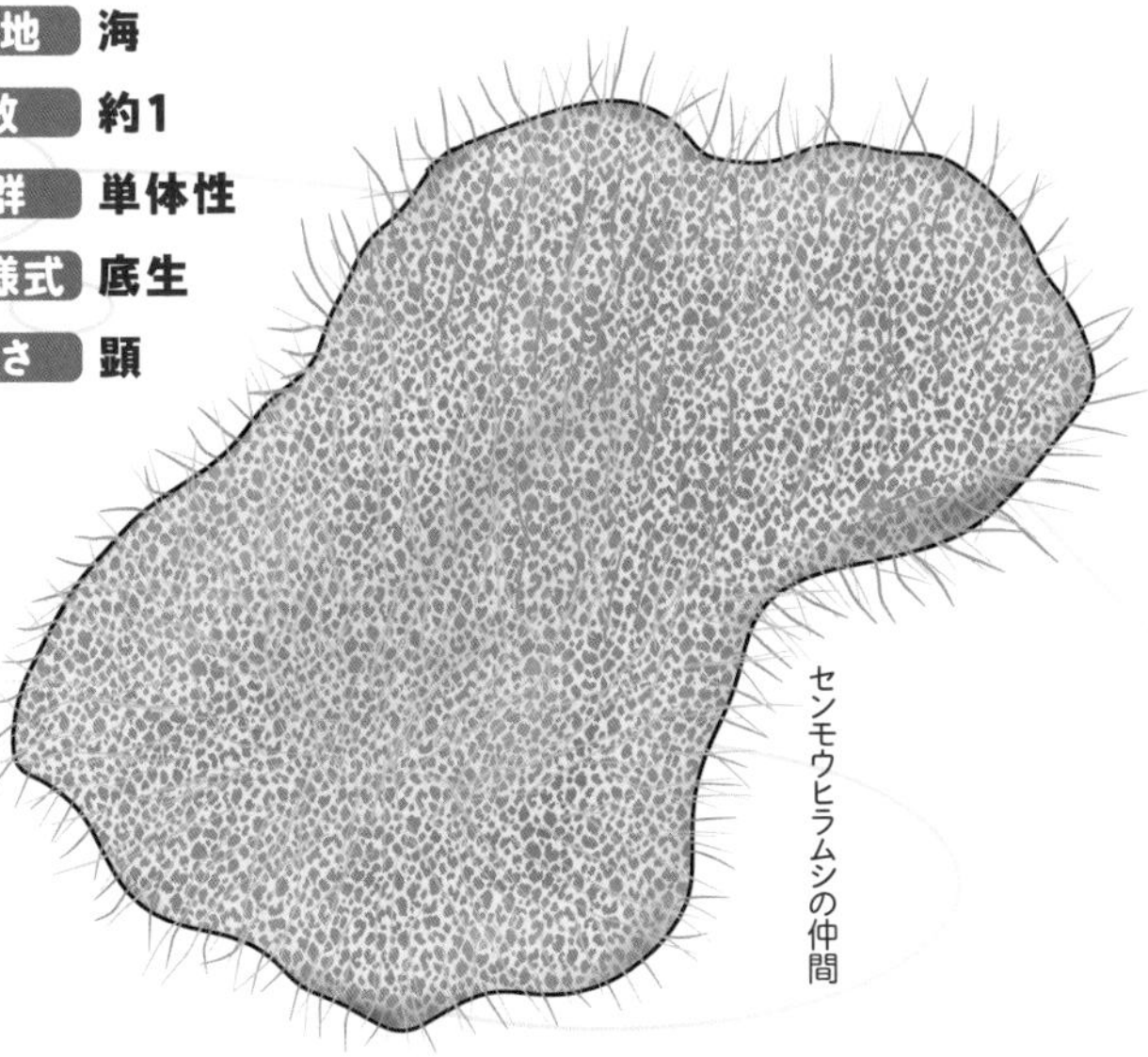

センモウヒラムシの仲間

直径約1㎜のアメーバのような、小さくて平たい生きもの。でもアメーバのように単細胞ではなく多細胞。体の厚みが細胞たった3つ分しかないことから、平たい板のような動物ということで平板《へいばん》動物と呼ばれる。体の表面に生えたたくさんの繊毛《せんもう》を動かして移動するので和名はセンモウヒラムシ。前後左右の区別はないが、背腹の区別はある。腹側の体表面で覆うようにして藻類などを消化・吸収して食べている。

刺《し》胞《ほう》動《どう》物《ぶつ》門《もん》

Cnidaria

クラゲ・サンゴ・イソギンチャクの仲間

生息地	海／淡水
種数	約11,000
単/群	単体性／群体性
生活様式	固着／浮遊／寄生
大きさ	顕／手／ヒトより大

登場ページ P18、P20、P48
P50、P52、P76

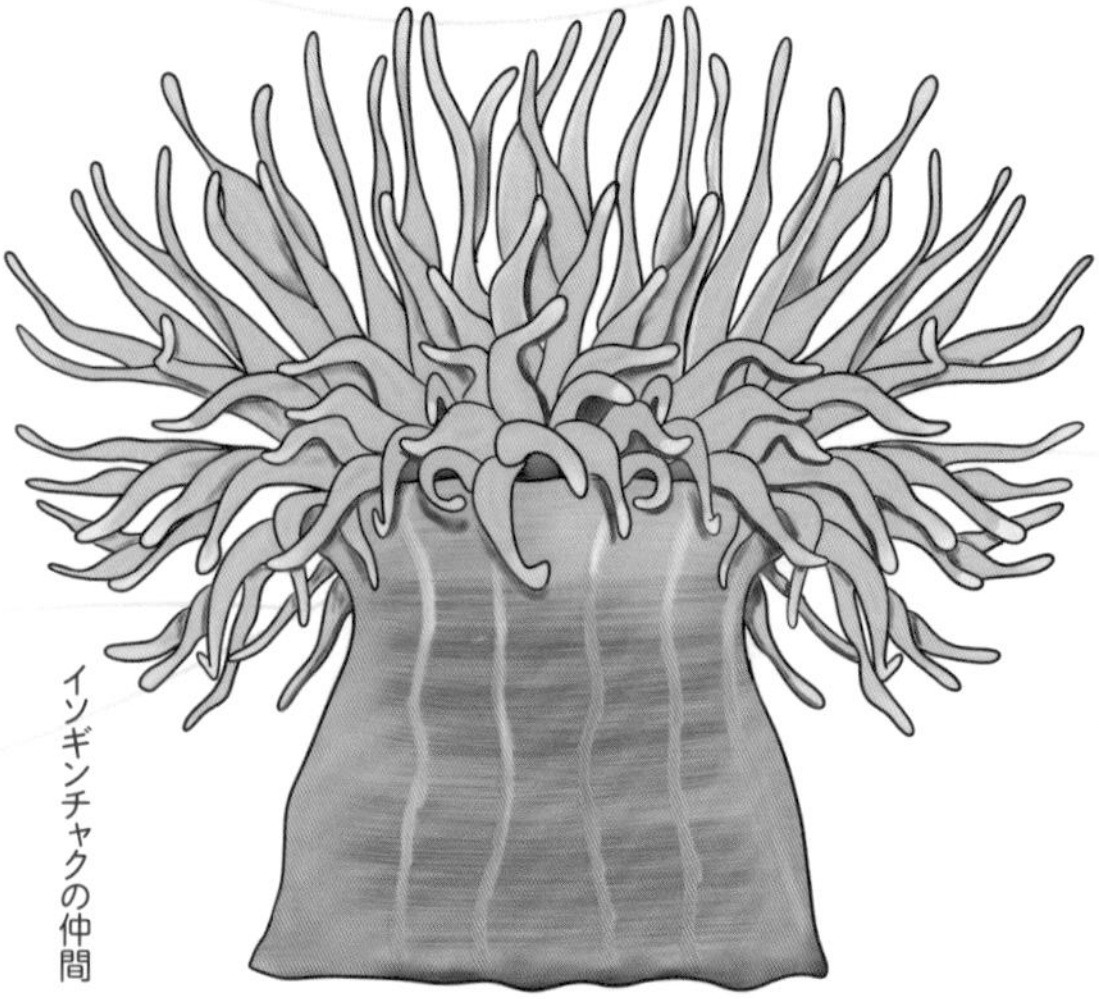

イソギンチャクの仲間

~刺されたときは痛がゆかった~

刺胞《しほう》（毒針の入ったカプセル）をもつ生きものたち。クラゲとサンゴは一見、仲間には見えないが、よく観察すると袋状の体から触手が生えたポリプと呼ばれる形（イソギンチャクの形）が基本である。体が左右相称でないので、原始的な生きものと考えられているが、刺胞はおそろしく精密精巧な特殊器官。ほねなしのなかで数少ない、直接人に害を及ぼす危険な種もいる！

刺胞動物門の系統樹

いわゆるクラゲの仲間

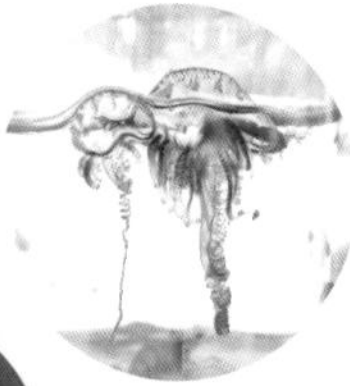

ヒドロ虫綱
（ウミヒドラ類、
カツオノエボシなど）

鉢虫綱《はちむしこう》
（ミズクラゲ、
エチゼンクラゲなど）

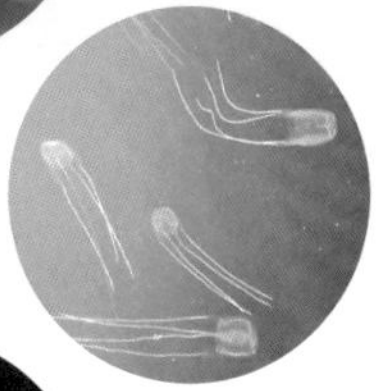

箱虫綱《はこむしこう》
（アンドンクラゲなど）

箱形のカサの4カ所から触手が出る。猛毒種が多い。4本足のクラゲは要注意!

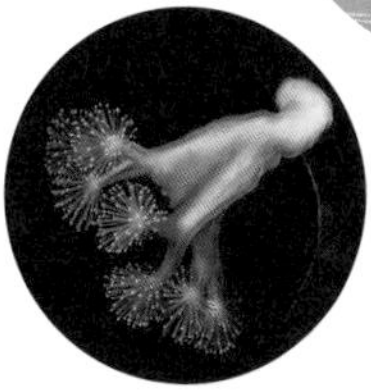

十文字クラゲ綱
（アサガオクラゲなど）

サンゴ・イソギンチャクの仲間

八放珊瑚亜綱と六放珊瑚亜綱は、ポリプの中が8つに仕切られるか、6つに仕切られるかの違い

八放珊瑚亜綱《はっぽうさんごあこう》
（ウミエラ類、ヤギ類）

六放珊瑚亜綱《ろっぽうさんごあこう》
（イソギンチャク類、
イシサンゴ類）

造礁サンゴはこっち

花虫綱《かちゅうこう》

刺胞動物門の系統樹　Kayla et al., 2018より

有櫛動物門《ゆうしつどうぶつもん》

Ctenophora

クシクラゲの仲間

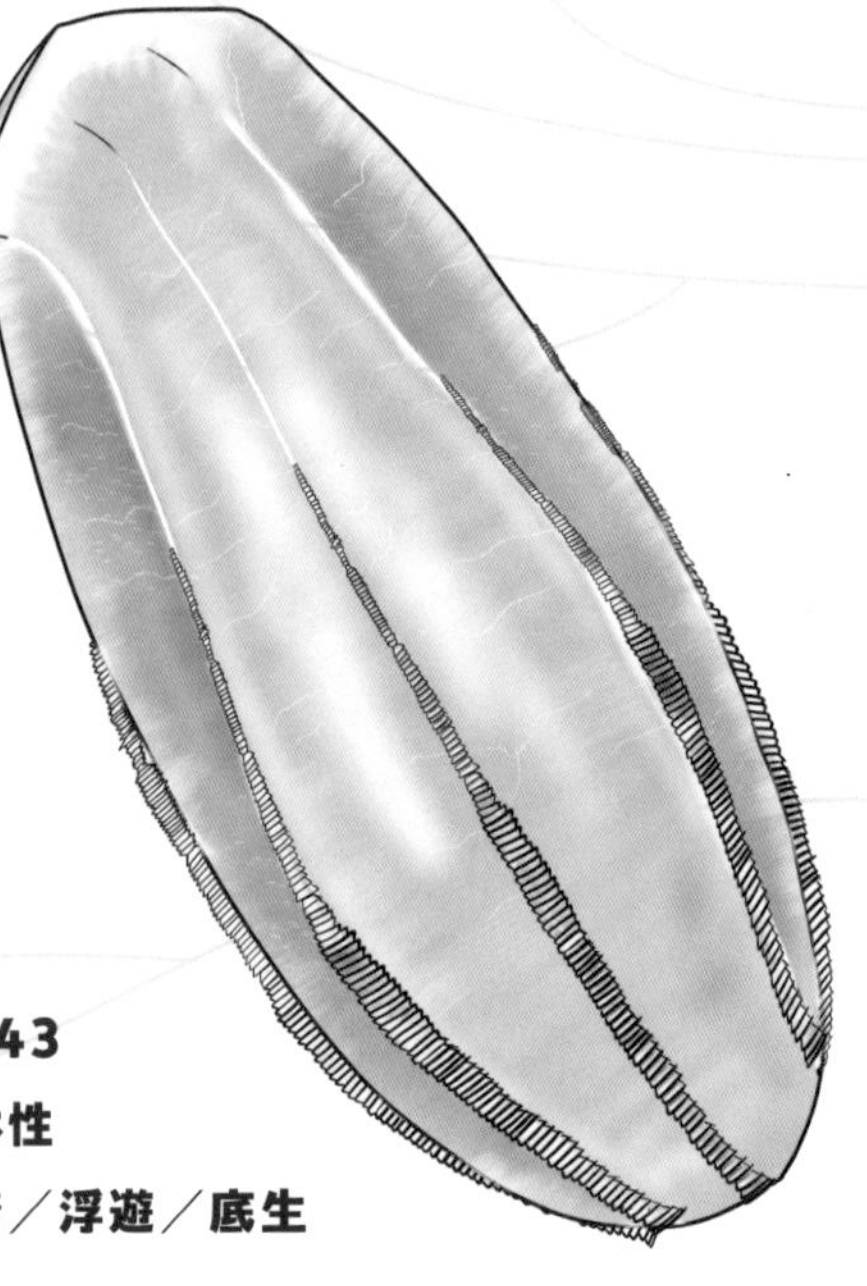

クシクラゲの仲間

泳ぐ姿は宇宙船！

生息地	海
種数	約143
単/群	単体性
生活様式	固着／浮遊／底生
大きさ	手

風船のような透明な体で浮遊するためクラゲに似て見えるが、刺胞《しほう》動物のクラゲとはまったくの別物。クシクラゲは刺胞ではなく、繊毛《せんもう》が並んだ櫛《くし》のような板を体に8列もつことから有櫛《ゆうしつ》動物と呼ばれる。この櫛板《くしいた》を波立たせるように動かして泳ぐ。そこに光が当たると七色に光って見えるが、これは発光ではなく反射（水族館などでよく見られる）。刺胞はないので刺すことはなく、ベタっとくっつく粘着性の触手をもつものが多い。

扁《へん》形《けい》動《どう》物《ぶつ》門《もん》

Platyhelminthes

ヒラムシ・プラナリア・サナダムシの仲間

登場ページ P80

生息地	海／淡水／陸
種数	約30,000
単/群	単体性
生活様式	底生／寄生
大きさ	顕／手／ヒトより大

ヒラムシは
ヒラヒラ泳ぎます

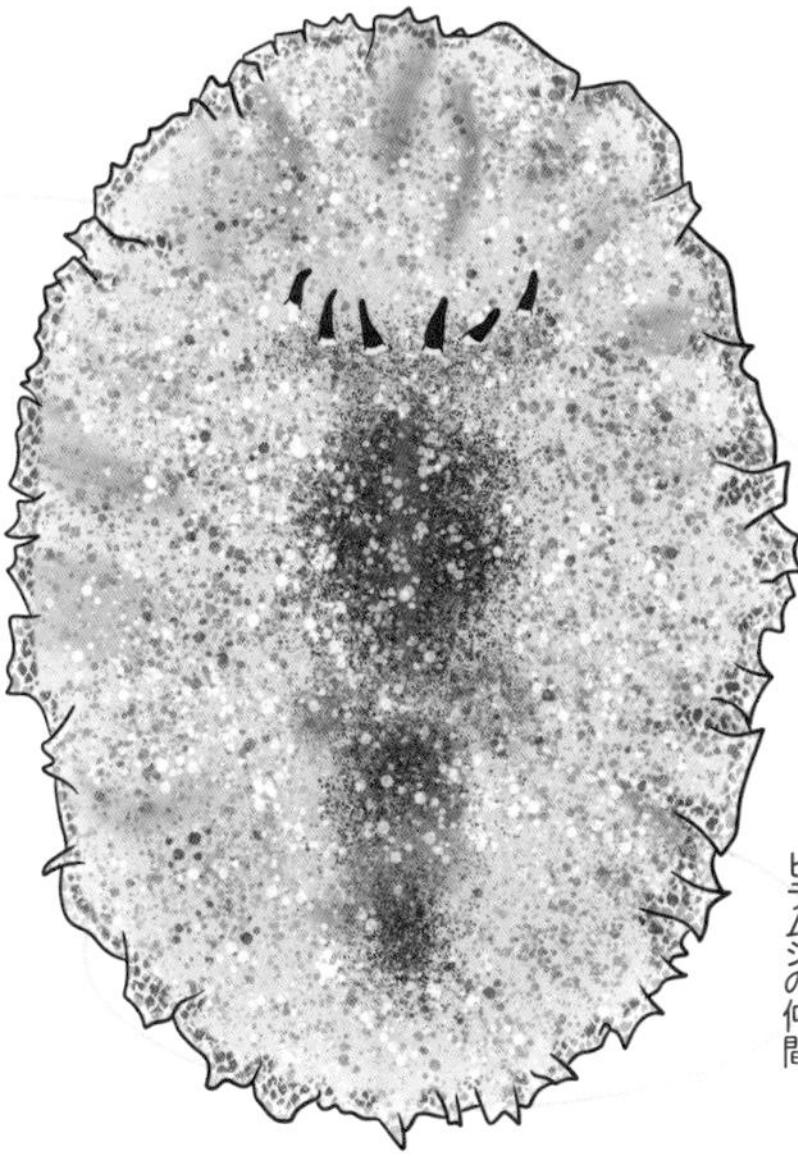

ヒラムシの仲間

背腹に平たいペラペラした体の特徴から扁形動物と呼ばれる。肛門がなく、食べ物のカスは口から出す。3万を超える種がいるので、さまざまな形や生態のものがいる（体長は1㎜未満から数十メートルになるものまでいる）が、その約4分の3は寄生性である。そのなかには人に害を及ぼす住血吸虫やサナダムシ、エキノコックスなどもいる。プラナリアに代表されるように再生能力がとても高い！

直泳動物門《ちょくえいどうぶつもん》

Orthonectida

チョクエイチュウの仲間

生息地	海
種数	約25
単/群	単体性
生活様式	寄生
大きさ	顕

これも見たことがない、見たい

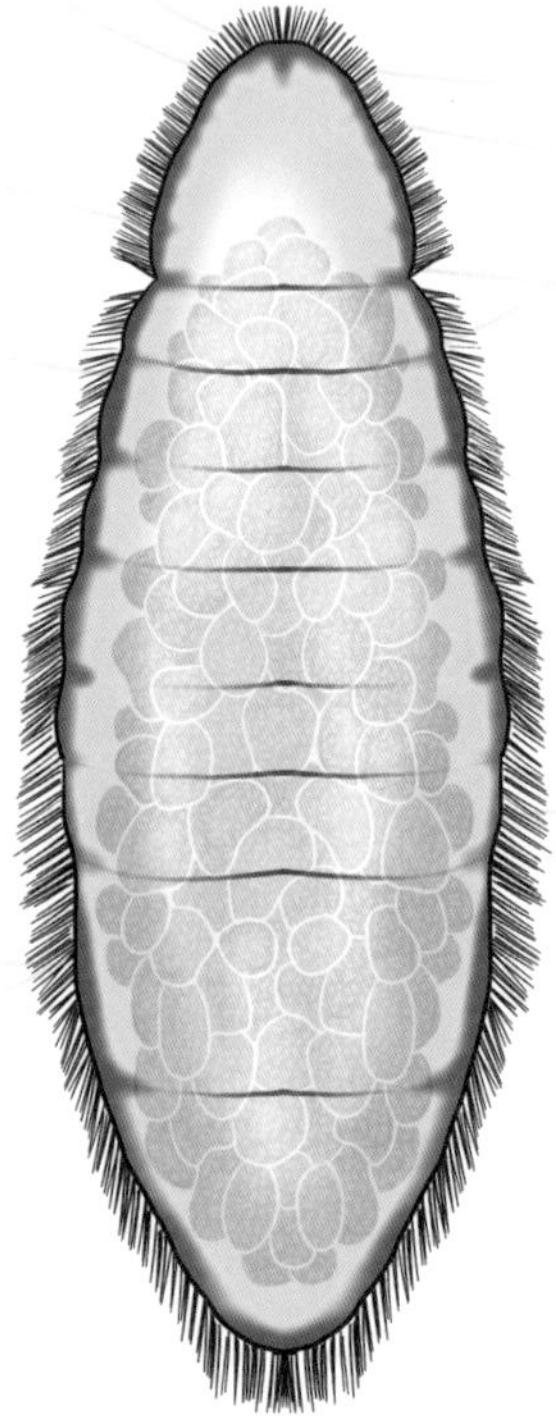

チョクエイチュウの仲間（メス）

海のほねなしに寄生する体長1㎜以下の小さな生きもの。ゴカイやヒモムシ、二枚貝、クモヒトデなどいろいろなほねなしに寄生する。オスとメスで形が違い、メスの体内はほぼ卵巣。体表には繊毛《せんもう》がびっしりと生えている。直泳動物という名前から真っすぐにしか泳げない動物と思いきや、実際はらせんを描くように泳ぐ。日本からは北海道産の扁形動物に寄生している1種しか見つかっていない。

二《に》胚《はい》動《どう》物《ぶつ》門《もん》

Dicyemida

ニハイチュウの仲間

登場ページ P78

生息地	海
種数	約140
単/群	単体性
生活様式	寄生
大きさ	顕

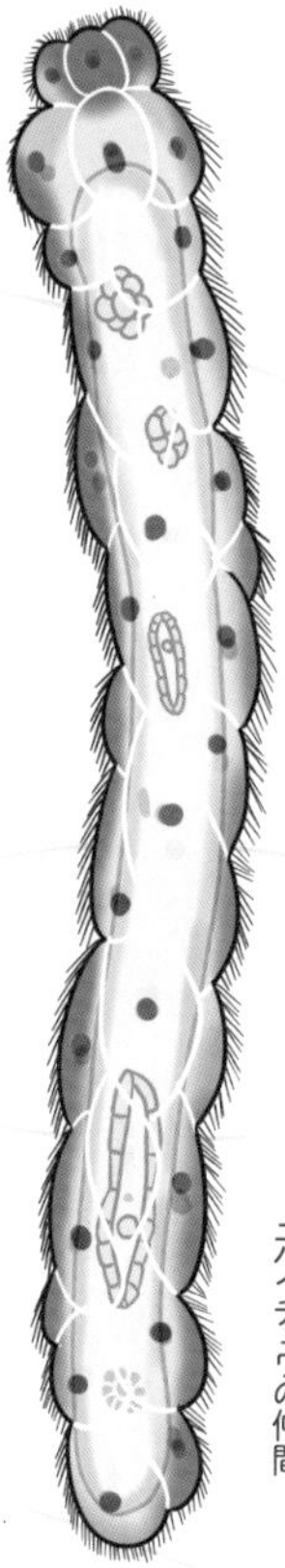

ニハイチュウの仲間

ニハイチュウ以前にタコの腎臓がどこかを見極めるのが難しい

タコやコウイカなど底生《ていせい》の頭足《とうそく》類の腎臓に寄生する、体長数ミリのニョロニョロとした生きもの。宿主への寄生率はとても高いので、本気を出せば一般人でも観察できる可能性がある。1匹に複数の種類が寄生していることもある。体内で形と役割の違う2種類の幼生（胚）を育てることから二胚虫と呼ばれる。寄生に特化したからなのか、細胞数も多細胞生物のなかで一番少なく約30個ほど。でもタコの腎臓外での生活はまったく不明。

腹《ふく》毛《もう》動《どう》物《ぶつ》門《もん》

Gastrotricha

イタチムシ・オビムシの仲間

下水処理場では
クマムシやワムシなども活躍

鱗《うろこ》や棘《とげ》で体が覆われる体長4㎜以下（ほとんどは1㎜以下）の小さな生きもの。海にいるものは砂や泥の隙間で暮らしていることが多い。体の腹側に、移動に使う繊毛《せんもう》をもっていることから、腹毛動物と呼ばれる。また、体に対になる粘着管をもっており、粘着物質を出して物にくっつくことができる。離れるときは剥離物質を別に分泌する。イタチムシは微生物の死骸や藻類をよく食べるため、下水処理場で大活躍！　でも一世代が3～21日でとても短い。

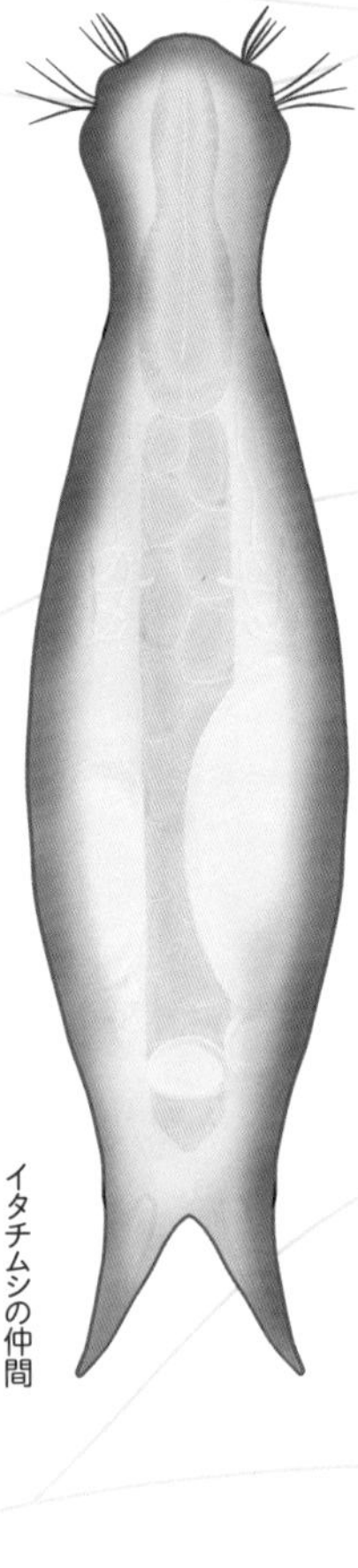

イタチムシの仲間

生息地	海／淡水
種数	約820
単/群	単体性
生活様式	底生
大きさ	顕

顎《がく》口《こう》動《どう》物《ぶつ》門《もん》

Gnathostomulida

グナトストムラの仲間

酸素がほとんどない場所が好きな変わり者

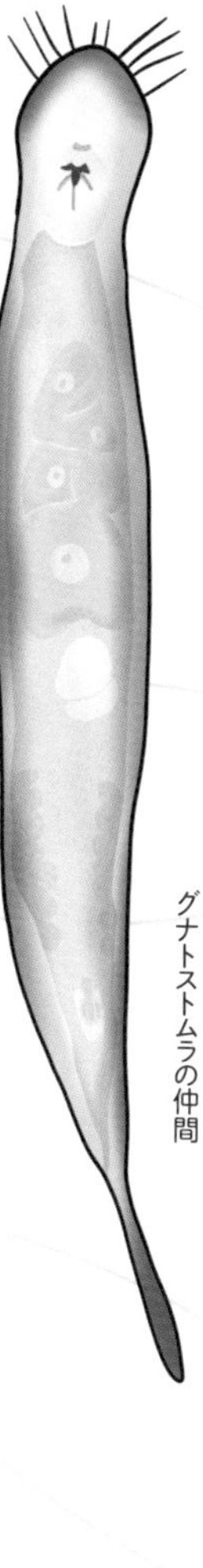

グナトストムラの仲間

生息地	海
種数	約100
単/群	単体性
生活様式	底生
大きさ	顕

複雑な顎《あご》をもつことが特徴の体長4㎜以下（ほとんどは1㎜以下）の小さな生きもの。ガッコウチュウと言いたくなるが、哺乳類に寄生し感染症をひき起こす線形動物門の顎口虫《がっこうちゅう》と混同されやすいので、ここでは学名そのままのグナトストムラとする。グナトストムラは海の堆積物の隙間で暮らす生きもの。研究が進んでいないだけでたくさんいる可能性が高いが、日本からの正式な記録は1種のみ。呼び名がなくてもあまり困らないのがちょっと悲しい。

微《び》顎《がく》動《どう》物《ぶつ》門《もん》

Micrognathozoa

リムノグナシアの仲間

生息地	海
種数	約1
単/群	単体性
生活様式	底生
大きさ	顕

アゴの複雑さが尋常ではない

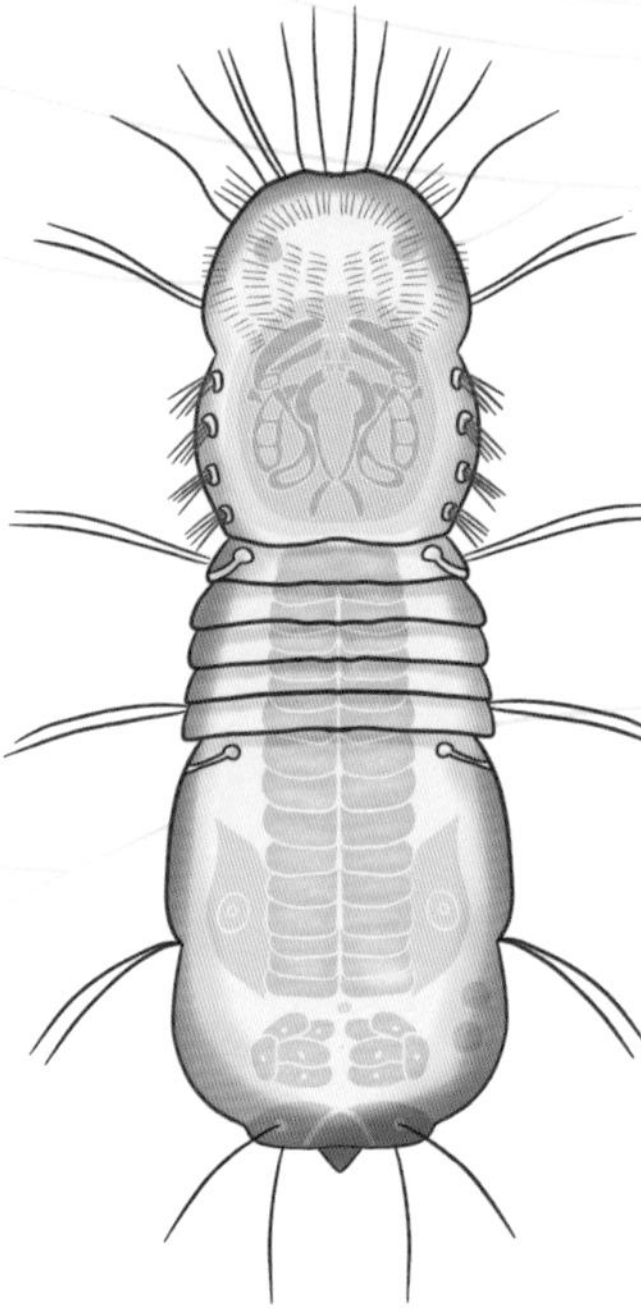

リムノグナシアの仲間（メス）

体長は0・2㎜ほど、顎口《がっこう》動物とはまた違う複雑な構造の顎《あご》をもつ。頭、腹、胴体の区別がつき、各部に感覚毛が生えている。止水環境のコケや砂泥の隙間に暮らしている。1994年にグリーンランドの湧水から発見され、2000年に発表されたリムノグナシア・マースキ1種のメスのみが知られている。現在は南極近くのクローゼー諸島やイギリス諸島でも見つかっており、世界中に分布しているのかもしれない。

輪形動物門《りんけいどうぶつもん》

Rotifera

ワムシ・コウトウチュウの仲間

ワムシは淡水プランクトン代表

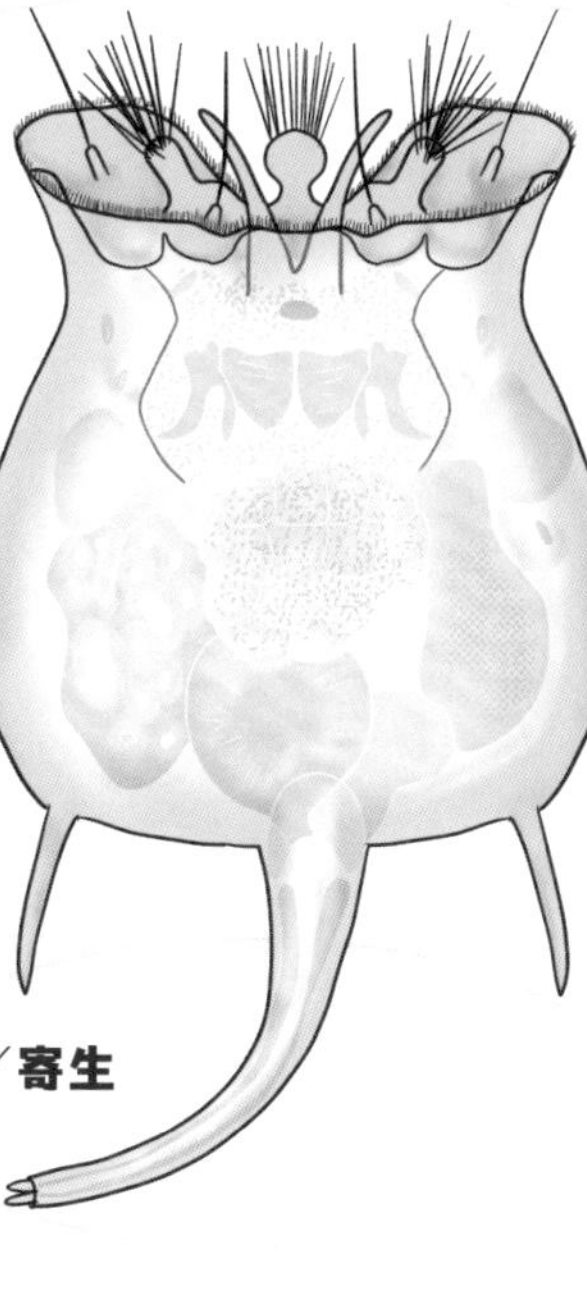

生息地	海／淡水
種数	約4,100
単/群	単体性
生活様式	浮遊／底生／寄生
大きさ	顕／手

ワムシ類は体長0・5㎜以下の小さな水生生物（ほとんどが淡水）。体の前端に繊毛《せんもう》が冠状に生えており、この繊毛の動きが回る車輪のように見えることから輪虫《わむし》、輪形動《りんけい》物と呼ばれる。コウトウチュウ類は体長1㎜〜1mの脊椎動物の腸に寄生する生きもの。体の前端に鉤《かぎ》の生えた吻《ふん》をもつ（この鉤で宿主の腸にくっつく）ことから、鉤頭虫《こうとうちゅう》と呼ばれる。説明が難しくなるので省略するが、両者には細かいところでいろいろな共通点がある。

紐《ひも》形《がた》動《どう》物《ぶつ》門《もん》

Nemertea

ヒモムシの仲間

登場ページ P129

生息地	海／淡水／陸
種数	約1,250
単/群	単体性
生活様式	浮遊／底生／寄生
大きさ	顕／手

頭のくびれがヒモムシの見分けポイント

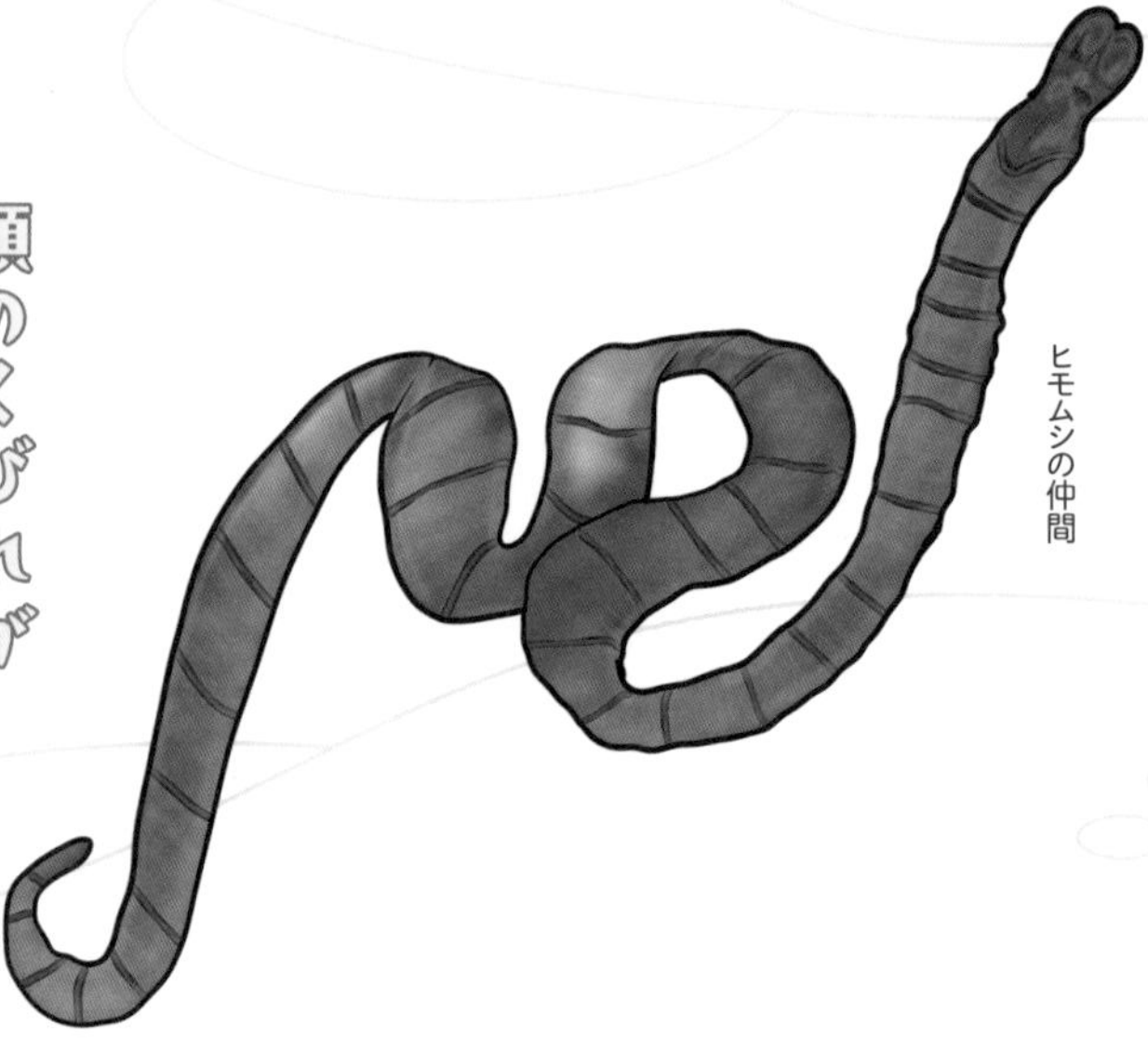

ヒモムシの仲間

体長数ミリ〜数十メートルの紐状の生きもの。伸縮可能でよく伸びる。体節はない。吻《ふん》と呼ばれる口から反転して飛び出す突起物をもち、これで獲物を捕まえたり、移動や探索をしたりする。吻を収納する吻腔《ふんこう》をもつのが特徴。淡水や陸上に棲むものや、寄生性のものもいるが、ほとんどは海産で、転石の下や砂泥中などで暮らしており、ゴカイや貝類などを食べる肉食である。そのため吻の先に毒針をもつものもいる。

苔虫動物門《こけむしどうぶつもん》

Bryozoa

コケムシの仲間

登場ページ P22

コケムシがわかるようになったらすごい！

生息地	海／淡水
種数	約20,000
単/群	群体性
生活様式	固着／底生
大きさ	顕／手

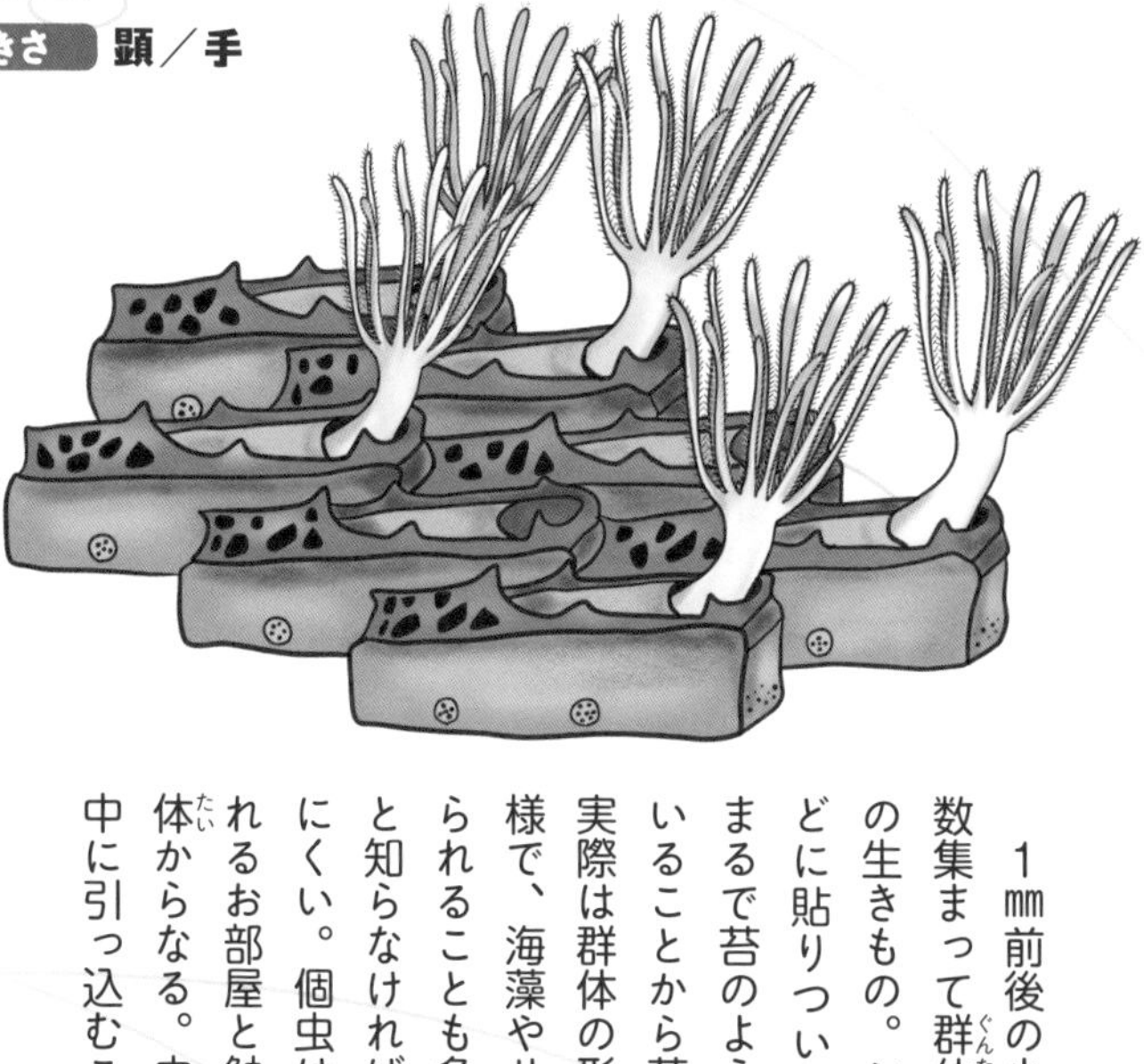

コケムシの仲間

1㎜前後の小さな個虫《こちゅう》が多数集まって群体《ぐんたい》をつくる水生の生きもの。シート状に岩などに貼りついた群体の形が、まるで苔のように見える種がいることから苔虫と呼ばれる。実際は群体の形は種により多様で、海藻やサンゴに間違えられることも多い。コケムシと知らなければ動物とわかりにくい。個虫は、虫室《ちゅうしつ》と呼ばれるお部屋と触手をもった虫《ちゅう》体《たい》からなる。虫体はお部屋の中に引っ込むことが可能。

箒《ほう》虫《きむし》動《どう》物《ぶつ》門《もん》
Phoronida

ホウキムシの仲間

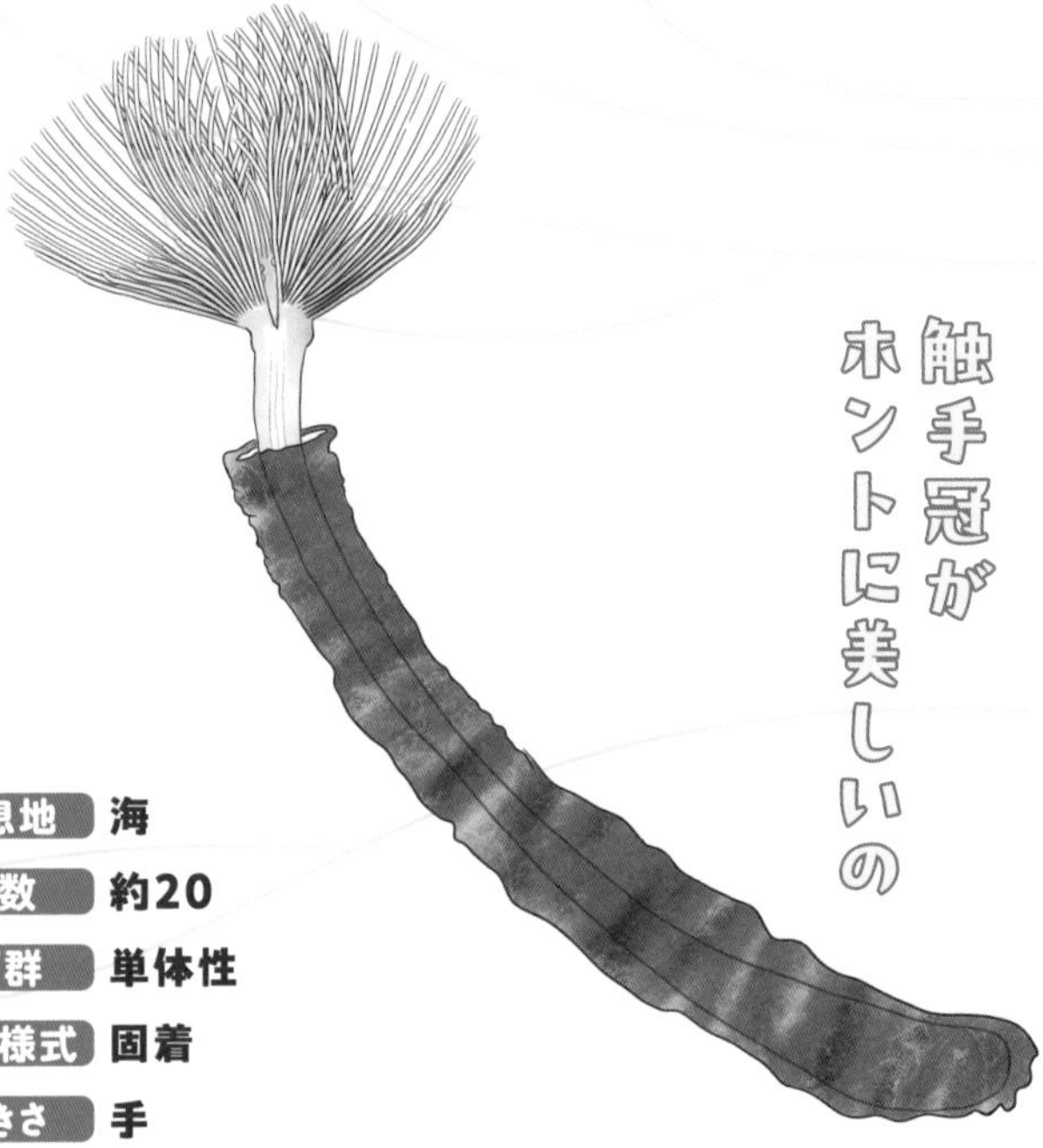

ホウキムシの仲間

触手冠が
ホントに美しいの

生息地	海
種数	約20
単/群	単体性
生活様式	固着
大きさ	手

体長数ミリ〜20㎝の海産の生きもの。体の前端に触手冠《しょくしゅかん》をもつ姿がほうきに似ていることからホウキムシと呼ばれる。触手冠は馬蹄形やらせん状でとても美しい。体から粘液を出して棲管《せいかん》と呼ばれる家をつくり、その中に棲む。ほうきの柄《え》の部分は棲管の中で、触手冠だけを外に出し、水中の有機物をキャッチして食べている。世界でも15種、日本からは4種しか知られていないが、ホウキムシやヒメホウキムシは磯採集やダイビングで意外とよく見られる。

腕足動物門《わんそくどうぶつもん》

Brachiopoda

シャミセンガイ・ホオズキチョウチンの仲間

化石のほうがカンタンに見られる

二枚貝にそっくりな2枚の殻をもつ、体長数センチの海の生きもの。中身に軟体部が詰まっている二枚貝とは異なり、殻の中身はスカスカで触手冠《しょくしゅかん》と呼ばれるくるくると巻かれた触手の束が入っている。また、2枚の殻は背腹に位置し、形は微妙に違う（これがわかると二枚貝と見分けられる）。シャミセンガイの仲間は、殻から肉《にく》茎《けい》と呼ばれる太い足のようなものが生えている。腕足動物の名前は、触手冠（腕）と肉茎（足）をもつことからつけられた。

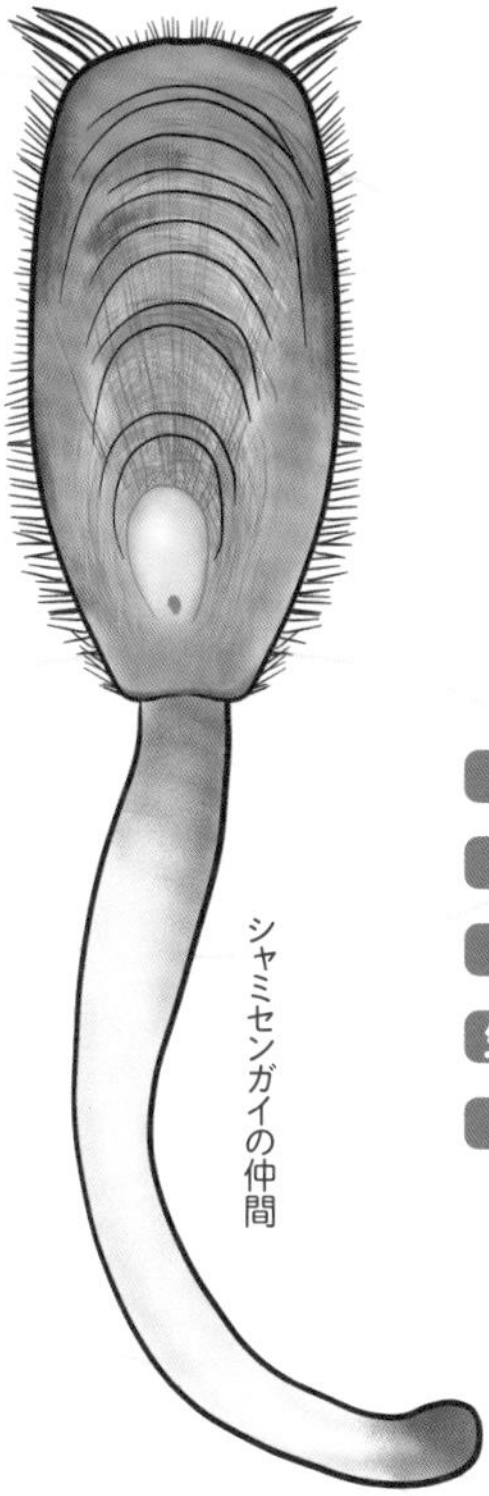

シャミセンガイの仲間

生息地	海
種数	約330
単/群	単体性
生活様式	固着／底生
大きさ	顕／手

軟《なん》体《たい》動《どう》物《ぶつ》門《もん》

Mollusca

貝・イカ・タコの仲間

登場ページ P26、P28、P30、P32、P54
P56、P58、P82

おいしい
かわいい
言うことなし！

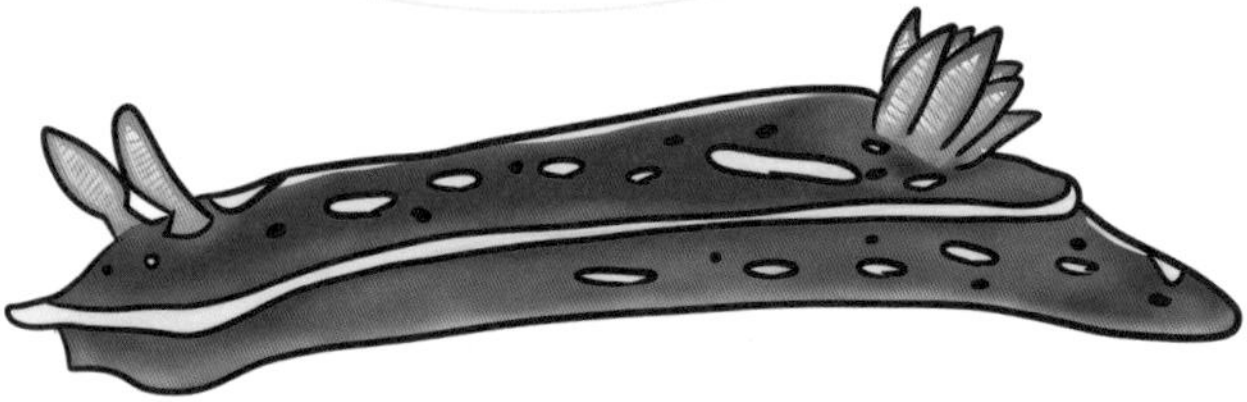

ウミウシの仲間

生息地 海／淡水／陸

種数 約93,195

単/群 単体性

生活様式 固着／浮遊／底生／寄生

大きさ 顕／手／ヒトより大

やわらかい体をもつ生きもの。みずから分泌してつくる石灰質の殻をもつものが多い。10万種以上はいるとされる、全動物門のなかで2番目に種数の多い、とても大きなグループ。じつに多様な種がおり、特徴をまとめるのは容易ではない。けれど、どこにでもたくさんいるので私たちにとって身近な種も多い。陸ならカタツムリ、淡水ならタニシ、海ならホタテやダイオウイカなど。希少で一般的にはあまり知られていない種もたくさんいるので、そちらもこの機会に知ってもらえると嬉しい。

軟体動物門の系統樹

レア

無《む》板《ばん》綱《こう》

(カセミミズなど)

ニョロニョロで貝殻はないが、体の中に貝殻のかけらのようなものを、たくさんもつ

多《た》板《ばん》綱《こう》

(ヒザラガイ類)

8枚の殻をもつ!
丸まれる

レア

単《たん》板《ばん》綱《こう》

(ネオピリナなど)

絶滅したと思われていたが、発見されて驚かれた。深海にしかいない

頭《とう》足《そく》綱《こう》

(イカ類、タコ類)

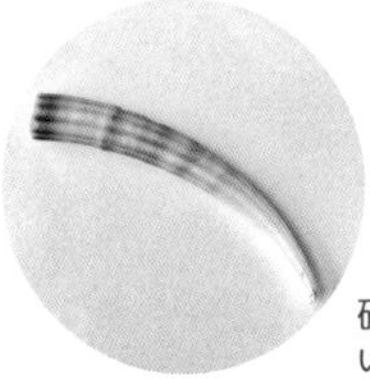

掘《くっ》足《そく》綱《こう》

(ツノガイなど)

砂や泥の中に潜っている。種数は少ないが、ふつうにいるので貝殻はよく拾える

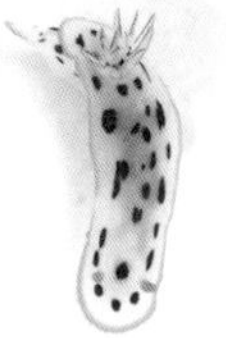

腹《ふく》足《そく》綱《こう》

(巻貝類、ウミウシ類)

二枚貝綱

(アサリ、ホタテガイなど)

軟体動物門の系統樹　Wanninger & Wollesen, 2019より

環形動物門《かんけいどうぶつもん》

Annelida

ゴカイ・ユムシ・ホシムシの仲間

生息地	海／淡水／陸
種数	約18,505
単/群	単体性
生活様式	固着／浮遊／底生／寄生
大きさ	顕／手／ヒトより大

登場ページ P60、P84、P86、P128

ニョロニョロ
うねうね、
嫌わないで。。。

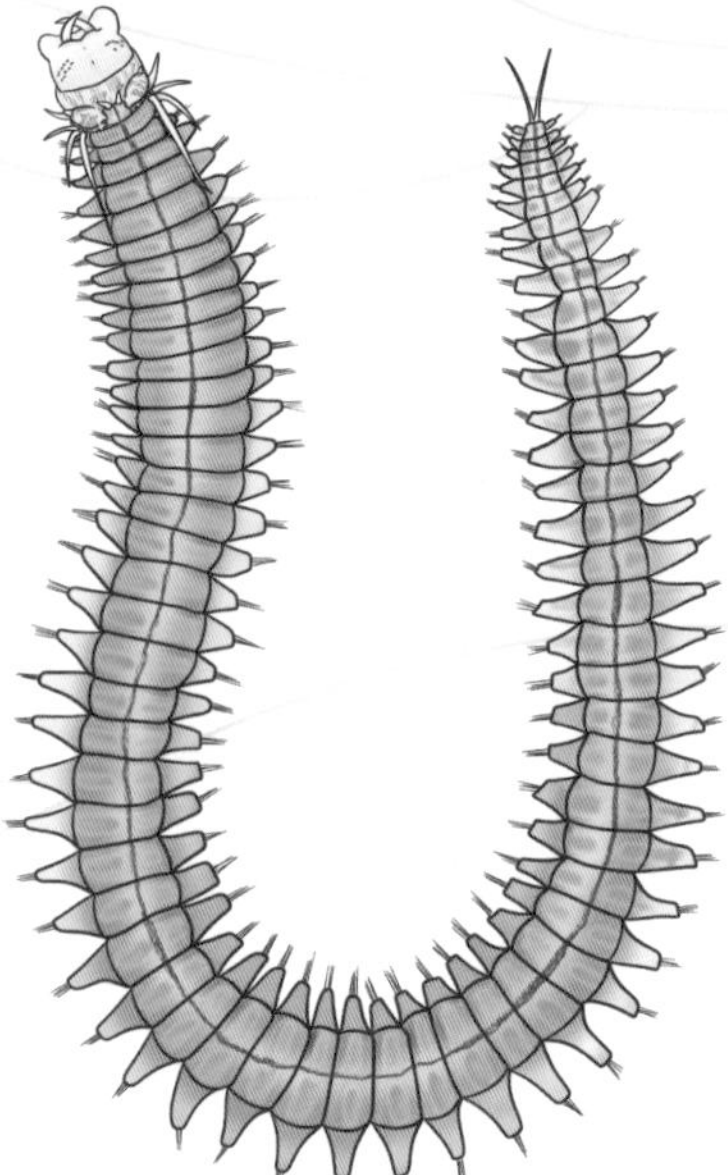

ゴカイの仲間

体長0・3㎜〜3m。同じ形の環状の体節がつながってできた細長い体をもつ生きものとされていたが、近年のDNA解析などによりユムシ類やホシムシ類、ハオリムシ類などの体節のないグループも環形動物の仲間になった。これらは海にしかいないので馴染みがないかもしれない。体節をもつものの代表はゴカイ、ミミズ、ヒル。みずから粘液や石灰質を分泌し、棲管《せいかん》をつくるものも多い（p60参照）。

内肛動物門《ないこうどうぶつもん》

Entoproctа

スズコケムシの仲間

生息地	海／淡水
種数	約180
単/群	単体性／群体性
生活様式	固着／底生
大きさ	顕／手

たくさんいると
フサフサ、ぴょこぴょこかわいい

スズコケムシの仲間

体長5㎜以下、萼《がく》と柄《え》をもつ一輪の花のような形をした水生の生きもの。萼の部分に並んだ触手が苔虫《こけむし》動物の触手《しょくしゅ》冠《かん》と似ていることと、鈴を振るように萼を動かすのでスズコケムシと呼ばれる。また、コケムシは肛門が触手の外側にあるが、スズコケムシは触手の内側に肛門があるので内《ない》肛《こう》動物とも。柄もピョコピョコぐねぐねとよく動かすので、曲形《きょくけい》動物という異名もある。群体《ぐんたい》性のものは、根っこのようなもので個虫同士がつながっている。

線形動物門《せんけいどうぶつもん》

Nematoda

センチュウの仲間

登場ページ P128

生息地	海／淡水／陸
種数	約20,000
単/群	単体性
生活様式	浮遊／底生／寄生
大きさ	顕／手／ヒトより大

C.エレガンスという優雅な名前のセンチュウが有名

センチュウの仲間

体長数ミリ～数メートルの細長い糸状の生きもの。顕微鏡で見るサイズのものも多く、線のように見えることから線形動物やセンチュウと呼ばれる。体表が分厚く硬いクチクラで覆われているため、脱皮をして成長する。あらゆる環境に生息し、地球で最も個体数の多いグループである。また寄生性のものも多く、大型哺乳類から植物まで何にでも寄生する。名前がつけられているのは2万種ほどだが、本当は1億種ぐらいいるのではないかと噂されている。

類線形動物門《るいせんけいどうぶつもん》

Nematomorpha

ハリガネムシの仲間

登場ページ P128

生息地 海／淡水／陸
種数 約300
単/群 単体性
生活様式 底生／寄生
大きさ 手

道端で干からびた姿は
ハリガネそのもの

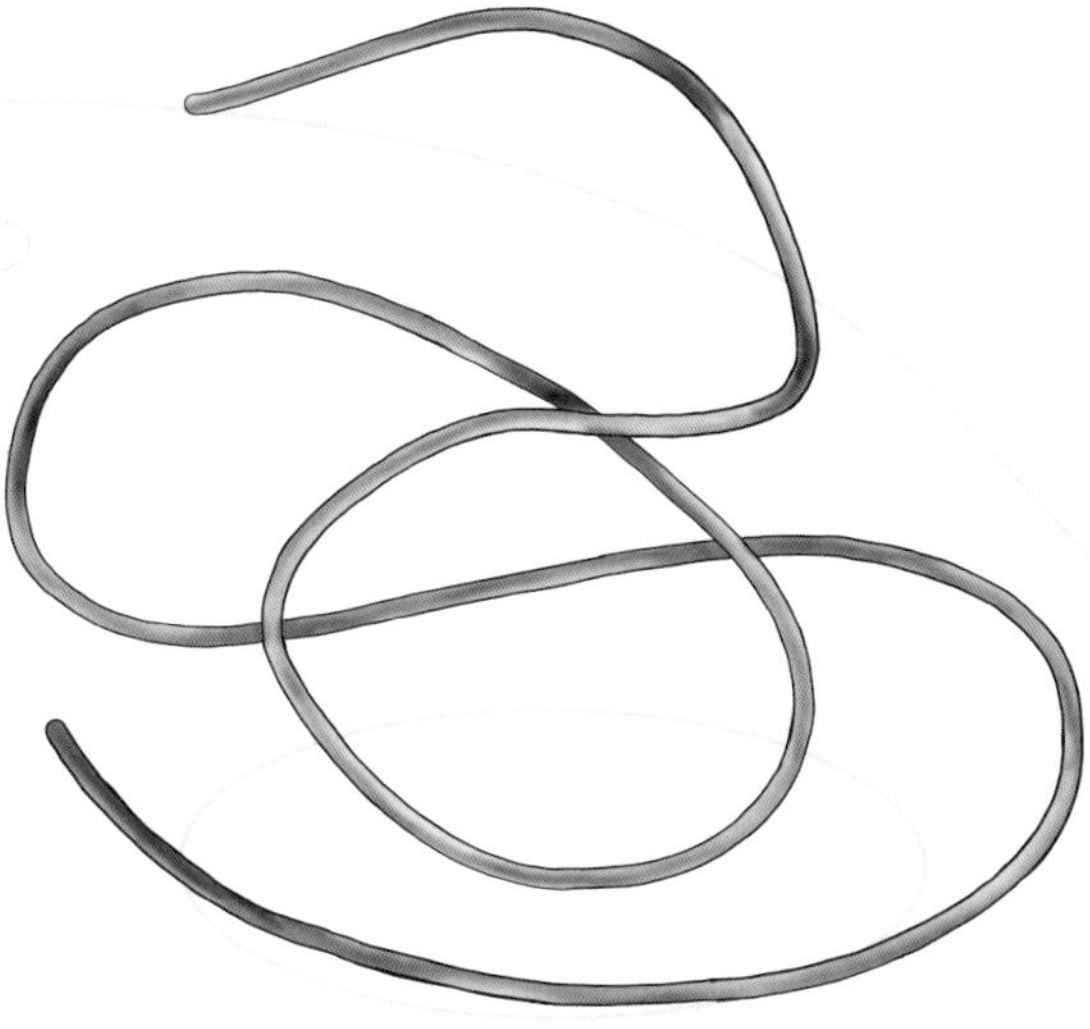

ハリガネムシの仲間

体長数センチ～数十センチの針金のような細長い生きもの。線形動物と同じく体表が硬いクチクラで覆われるので類線形動物と呼ばれる。幼虫の頃はカマキリなどの節足動物に寄生し、成虫は水中での自由生活に移る。そのため宿主を水辺に向かうように操り、宿主の体を突き破って水中に出てくる。水中で生まれた幼虫はいったん水生昆虫に寄生し、その寄生した昆虫がカマキリなどの終宿主に食べられることで体内に侵入する。

骨がないのに骨にしみるコラム 6

万能体型！細長くニョロニョロした生きものたち

動物界にはニョロニョロとした細長い体をもつ生きものがたくさんいます。細長い体は泳いだり、潜ったり、這ったり、寄生したり、なんでもしやすい万能な体型なので採用されやすいのですね。

細長い生きものたちは、かつては全部まとめて蠕虫《ぜんちゅう》類とされていたこともありました。でもよーく見ると、動物門によってその構造は違います。似ているけど同じじゃない！ そんなバリエーション豊かないろいろなニョロニョロをご紹介します。

センチュウ（線形動物門）・ハリガネムシ（類線形動物門）

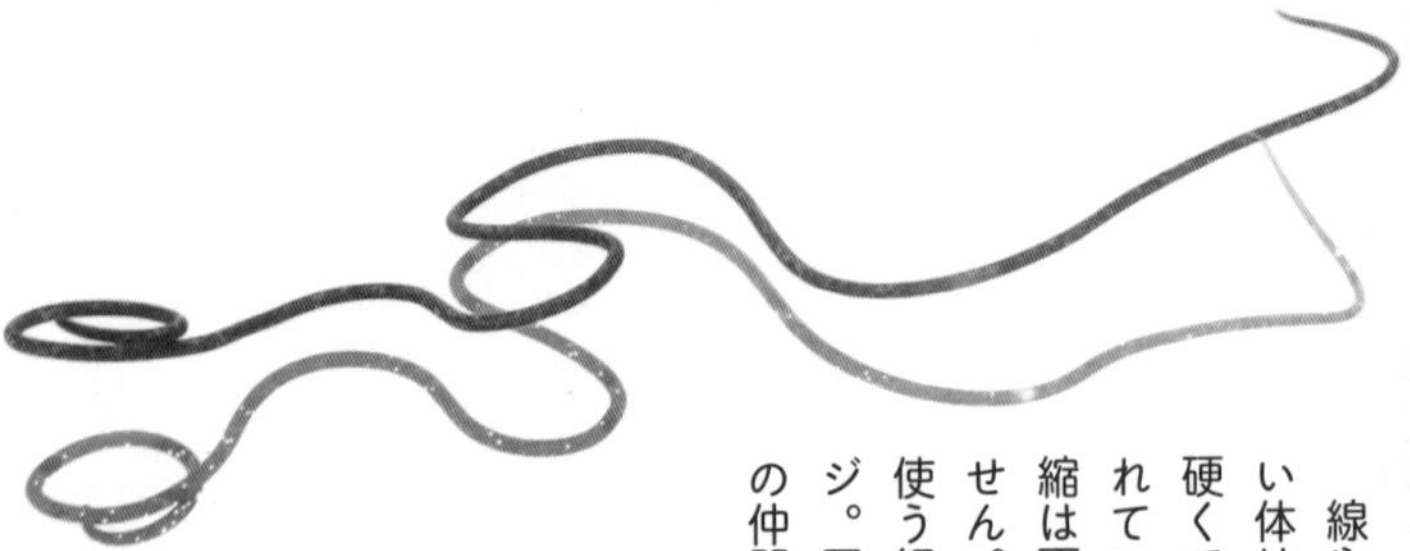

線や針金のような細長い体は、クチクラという硬くて分厚い表皮で覆われています。そのため伸縮は不可。体節もありません。バルーンアートに使う細長い風船のイメージ。写真はハリガネムシの仲間。

ヒモムシ（紐形動物門）

平たい紐のような体はよく伸び、よく縮みます。表皮には繊《せん》毛《もう》が生えています。そして粘液でぬらぬらしています。体節はありません。最大50mにもなるヒモムシがいます。

ゴカイやミミズ（環形動物門）

同じ形の体節が何個もつながることで細長い形になっています。電車の車両のようなイメージ。そのため、ちぎれてもへっちゃら。ちぎれたところからまた体節を増やします。

ナマコ（棘皮動物門）

やわらかい体の中に小さな骨片《こっぺん》をもっています。体節はありません。よく伸び、よくちぎれる。長くなる種はそれほど多くありませんが、写真のオオイカリナマコは3mにもなります。

有輪動物門《ゆうりんどうぶつもん》
Cycliophora
パンドラムシの仲間

とにかく変な生きもの
日本からは見つかっていない

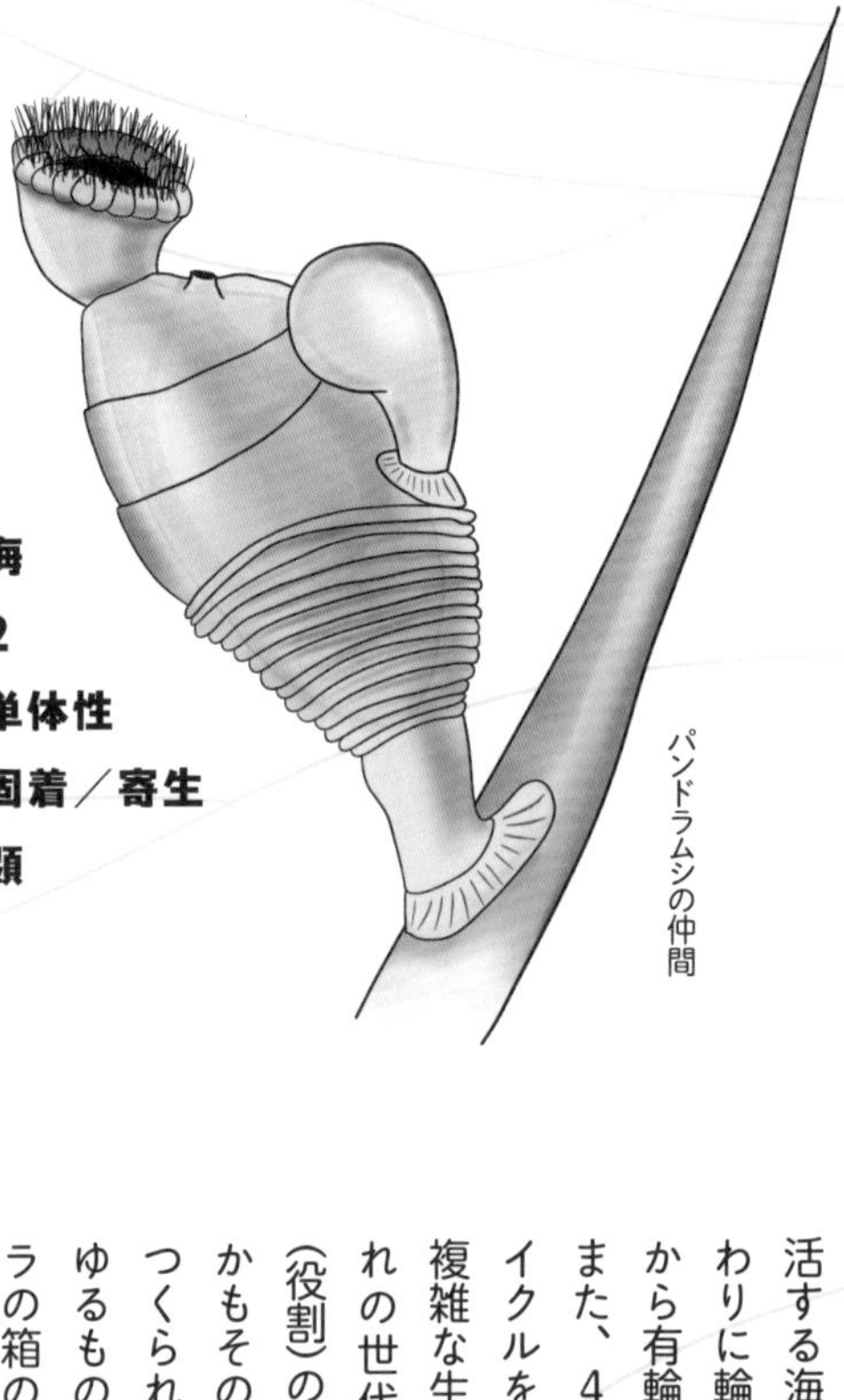
パンドラムシの仲間

生息地	海
種数	2
単/群	単体性
生活様式	固着／寄生
大きさ	顕

体長0.4㎜、ロブスターの仲間の口のひげに付着して生活する海の生きもの。口のまわりに輪状に繊毛《せんもう》が並ぶことから有輪動物と名づけられた。また、4世代で一つの生活サイクルを完了させるという超複雑な生活史をもつ。それぞれの世代は体の中で別の形(役割)の子どもを産み出す(しかもそのなかですぐ次の子がつくられていく)ので、あらゆるものが入っているパンドラの箱のようだということで、パンドラムシと呼ばれる。

動《どう》吻《ふん》動《どう》物《ぶつ》門《もん》

Kinorhyncha

トゲカワムシの仲間

私はキノリンカという学名が好き

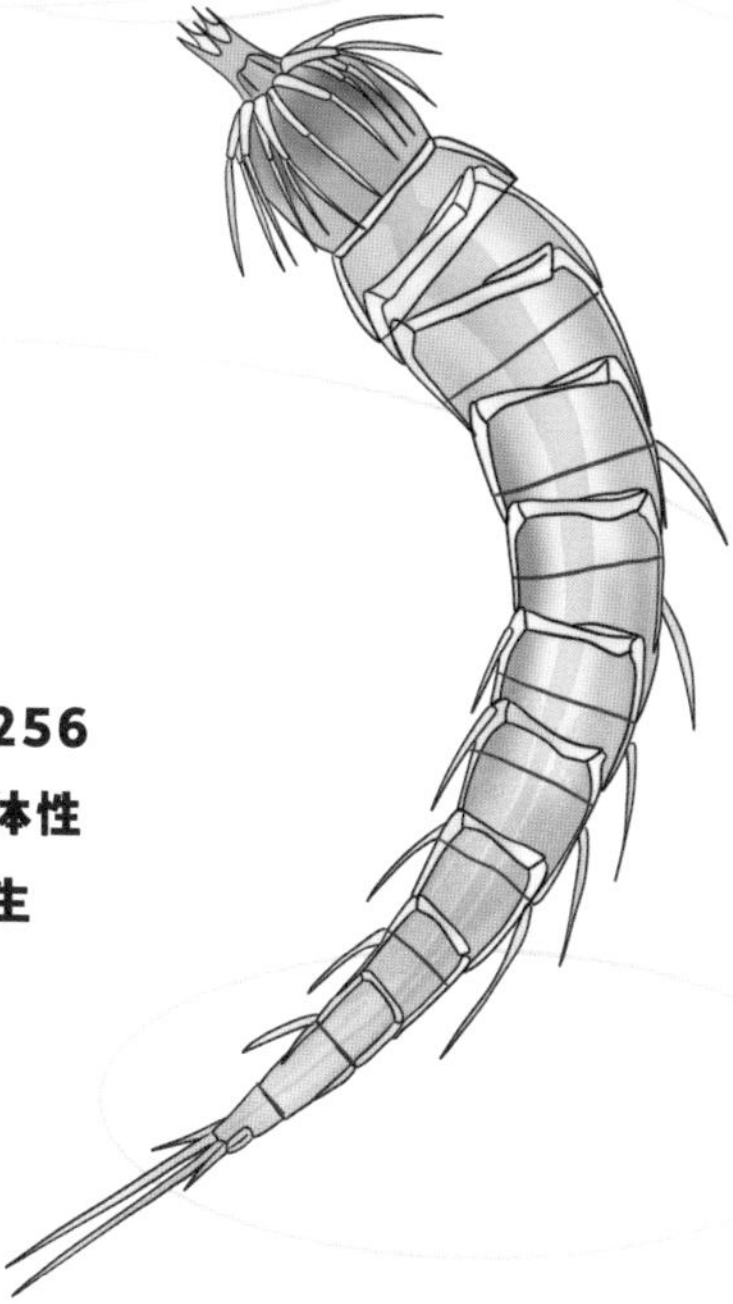

トゲカワムシの仲間

生息地	海
種数	約256
単/群	単体性
生活様式	底生
大きさ	顕

ほとんどが体長1㎜以下で、棘《とげ》のある吻《ふん》をもつ海の生きもの。この吻（頭）は胴体部分に収納することが可能で、吻を出し入れすることで移動したり食事をしたりすることから動吻《どうふん》動物と呼ばれる。体は体節に分かれており、棘をもつことからトゲカワムシともいわれる。世界中、潮下帯～超深海まで砂泥底なら、どこにでも生息するが、特に泥の中でたくさん見つかることから英語ではMud dragon（泥の竜）と呼ばれている。

胴《どう》甲《こう》動《どう》物《ぶつ》門《もん》

Loricifera

コウラムシの仲間

生息地	海
種数	約36
単/群	単体性
生活様式	底生
大きさ	顕

こんなに装飾つけて何に使うんだろ？

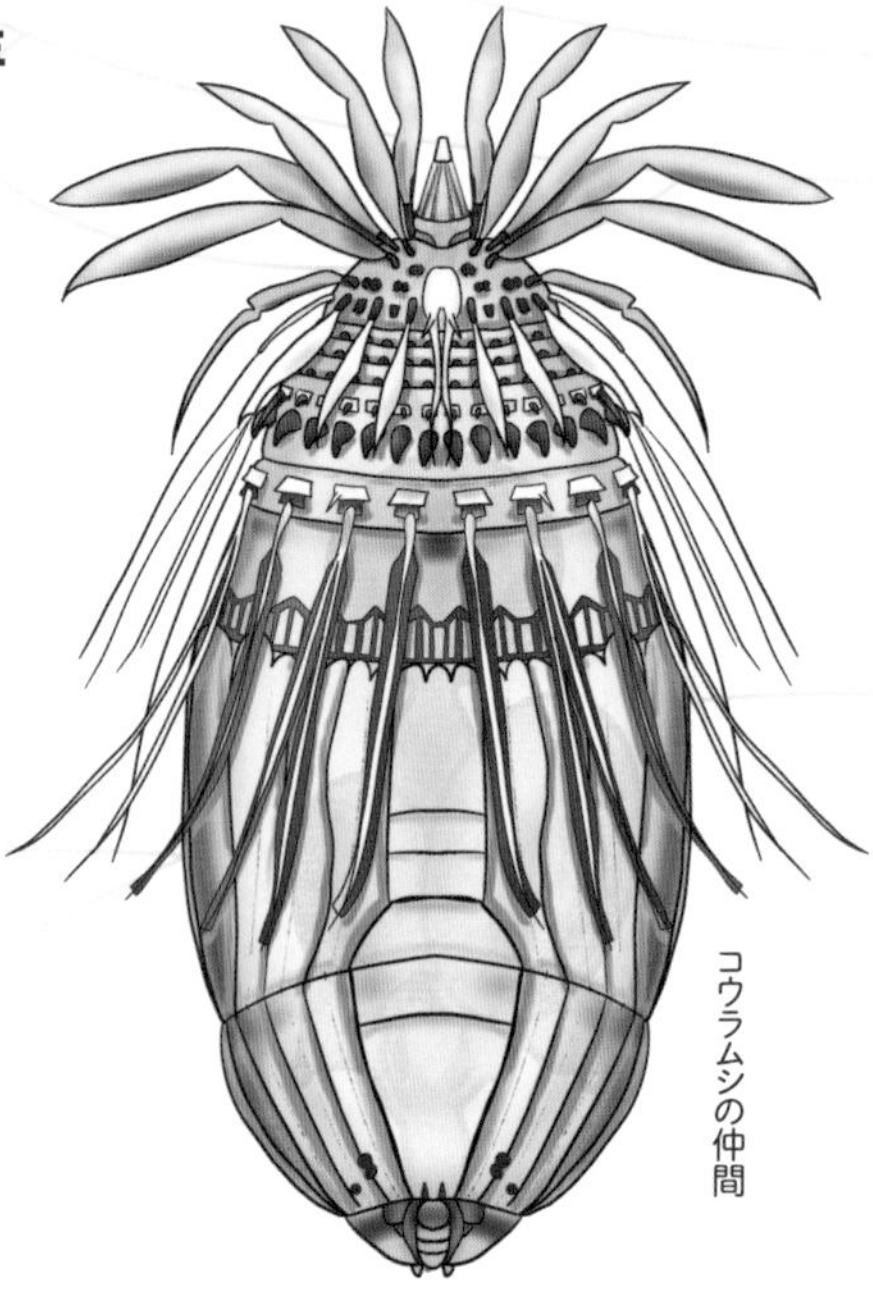

コウラムシの仲間

板をつなぎ合わせたタルのような甲羅で胴体が覆われている体長1㎜以下の海の生きもの。小さいが、200本以上の棘《とげ》や付属肢をもち、とてつもなく複雑な体をしている。浅海〜超深海の砂や泥の隙間で暮らしている。1983年にはじめて発表された比較的新しいグループ。日本からの報告は2種のみ（2種目は2020年に見つかったばかり）。生きている姿が観察されることさえ稀で、わかっていないことが多い。

鰓《えら》曳《ひき》動《どう》物《ぶつ》門《もん》

Priapulida

エラヒキムシの仲間

生息地	海
種数	約22
単/群	単体性
生活様式	底生
大きさ	顕／手

エラだけど、エラじゃなかったー！

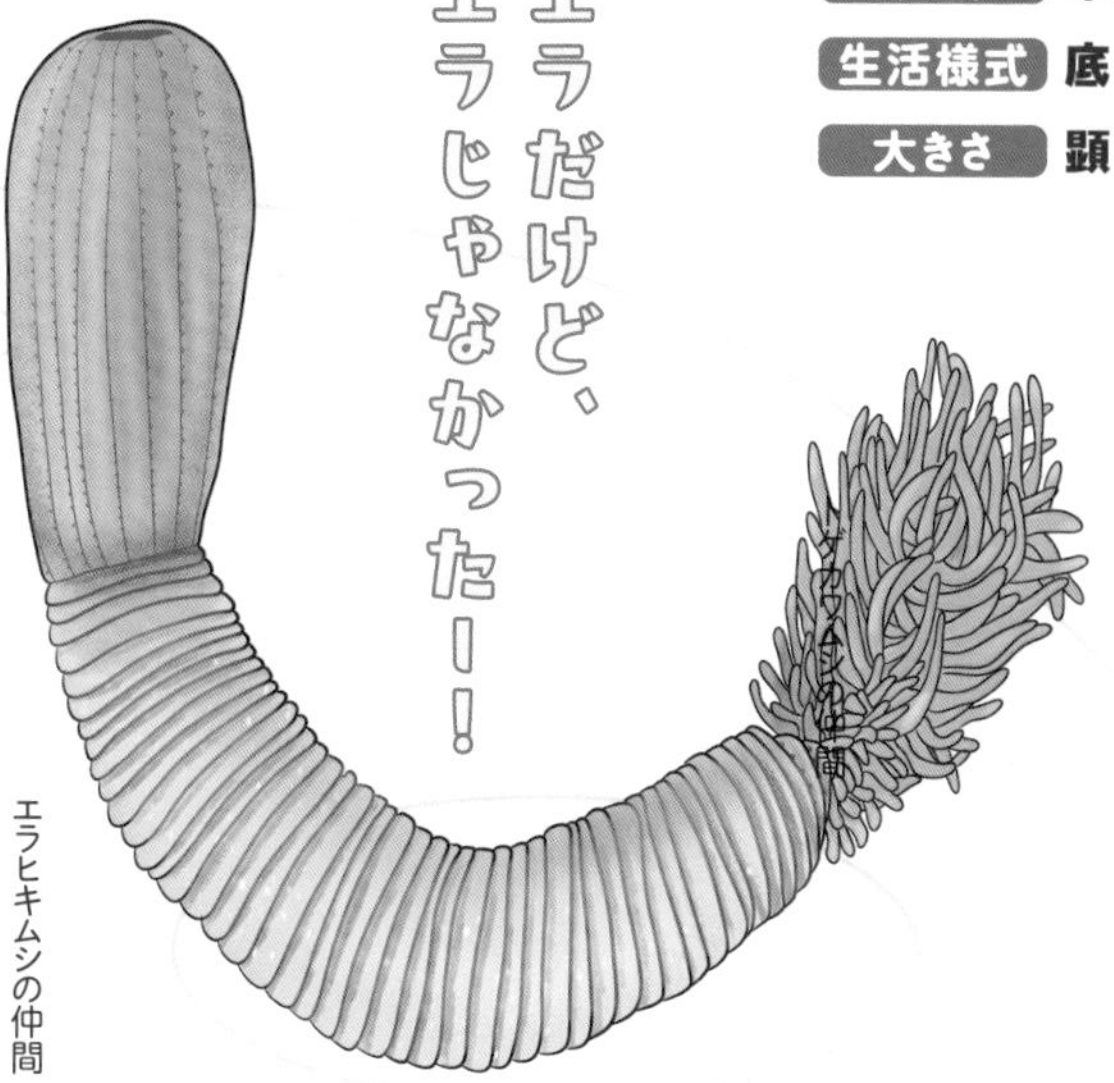

エラヒキムシの仲間

海底の砂や泥の隙間に暮らす底生の生きもの。体長は0.5〜400㎜で、体は円筒形の胴体と、棘《とげ》にぐるっと囲まれた頭部（吻《ふん》）からなる。鰓《えら》（後端にあるフサフサ）を曳《ひ》きずっているように見えることから鰓曳動物、エラヒキムシと呼ばれているが、じつはあのフサフサは鰓ではないことがわかっている。それに、もたない種もいる。感覚器官ではないかといわれているが、いまだ真相はわからない。

緩《かん》歩《ぽ》動《どう》物《ぶつ》門《もん》

Tardigrada

クマムシの仲間

登場ページ P62

海のクマムシは
形もさらに不思議で
興味深い

生息地	海／淡水／陸
種数	約1,200
単/群	単体性
生活様式	底生
大きさ	顕

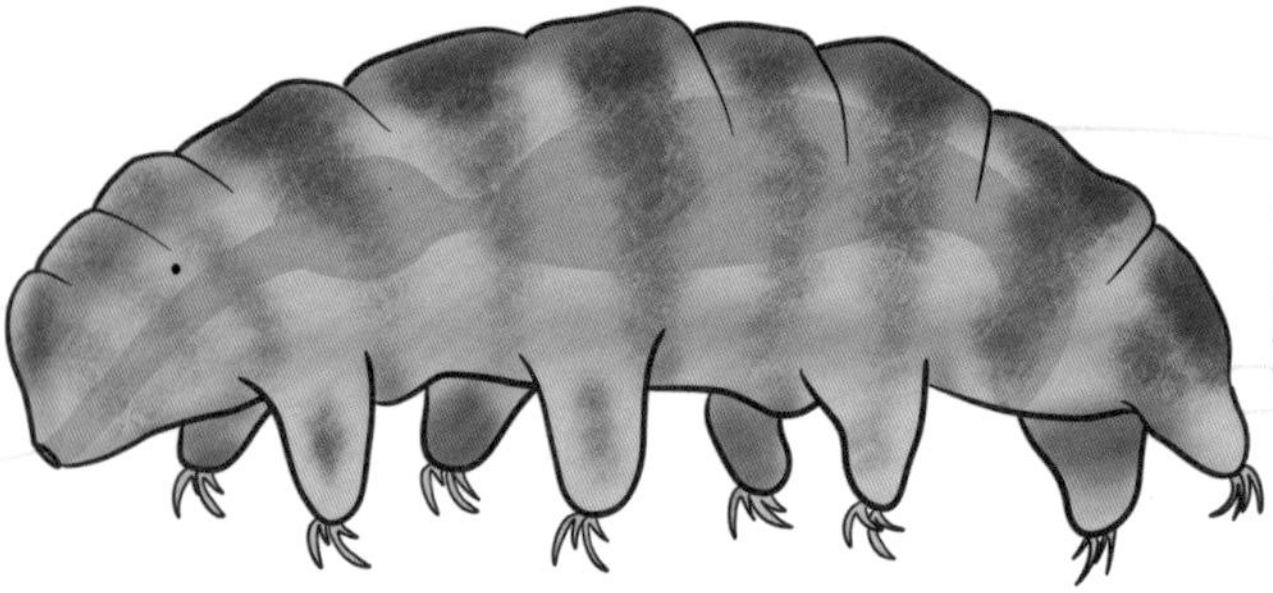

クマムシの仲間

　ほとんどが体長1㎜以下の、4対の脚をもつ小さな生きもの。脚の先には爪や吸盤をもつことが多い。熊のような体でとてもゆっくりとした動きをすることからクマムシ、緩歩動物と呼ばれている。海、淡水、陸どこにでも生息するが、基本的に水がないと活動できない。そのため陸で暮らすものは土やコケの中に棲んでおり、乾燥するととても耐性の強いタル形になって休眠する。海のクマムシの耐性能力については、ほとんどわかっていない。

有《ゆう》爪《そう》動《どう》物《ぶつ》門《もん》

Onychophora

カギムシの仲間

生息地	陸
種数	約200
単/群	単体性
生活様式	底生
大きさ	手

歩く姿は
まるでネコバス

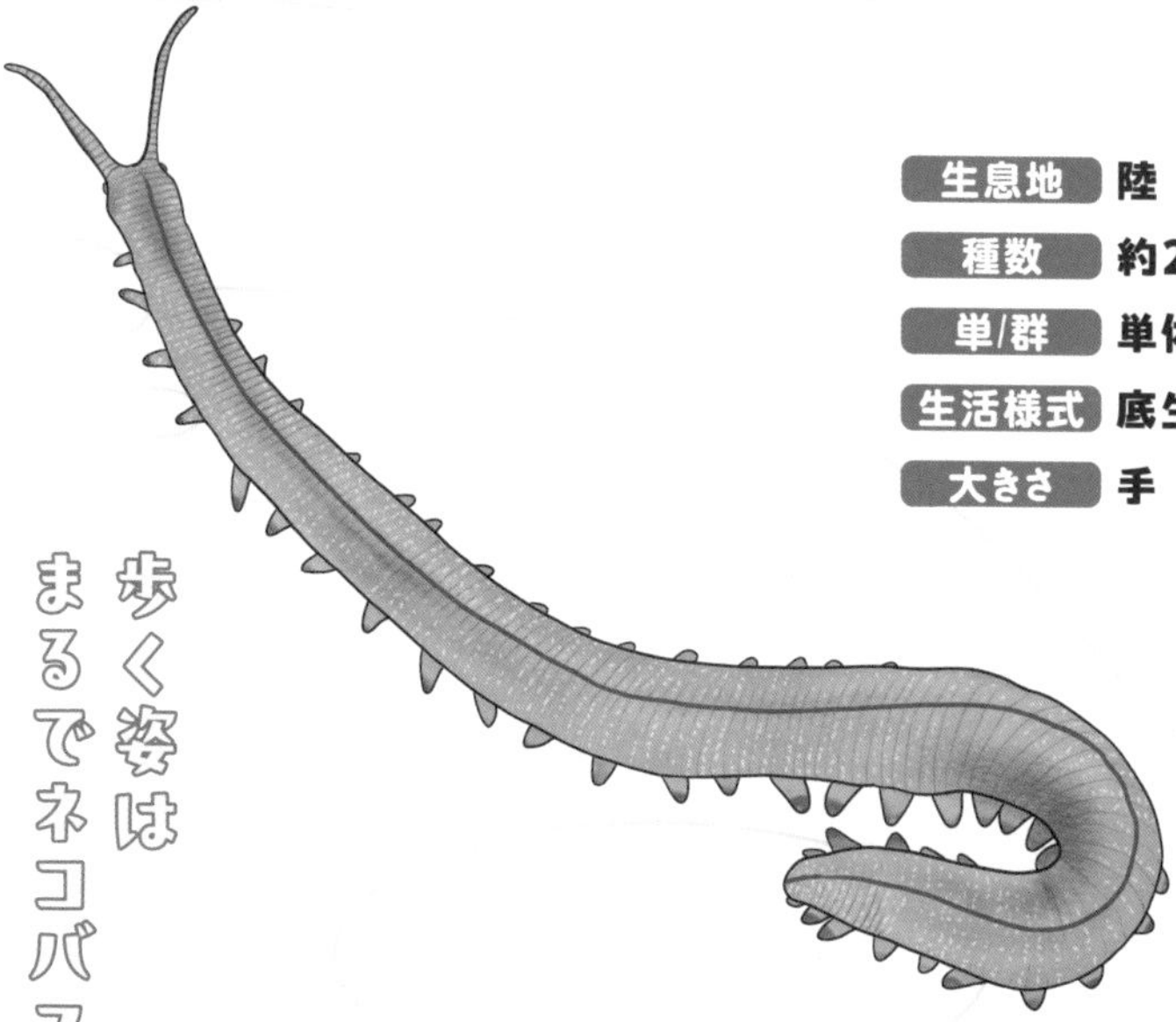

カギムシの仲間

体長1〜15㎝、細長い体に爪がついた脚をたくさんもつ生きもの。脚の先端にある爪が鉤《かぎ》状なのでカギムシ、有爪動物と呼ばれる。頭には触覚、目、顎《あご》のある口と、ほっぺに粘液腺がある。この粘液腺から白い粘液を飛ばし、身を守ったり獲物を捕まえたりする。基本、肉食。全動物門のなかで唯一、現生では陸産のものしかいないグループ。また分布が南アメリカやオーストラリア、アフリカであり、日本にはいない。

節足動物門《せっそくどうぶつもん》

Arthropoda

エビ・カニ・昆虫の仲間

登場ページ P34、P36、P38、P40、P64、P66、P88、P90、P92、P94、P96

生息地	海／淡水／陸
種数	約1,300,000
単/群	単体性
生活様式	固着／浮遊／底生／寄生
大きさ	顕／手／ヒトより大

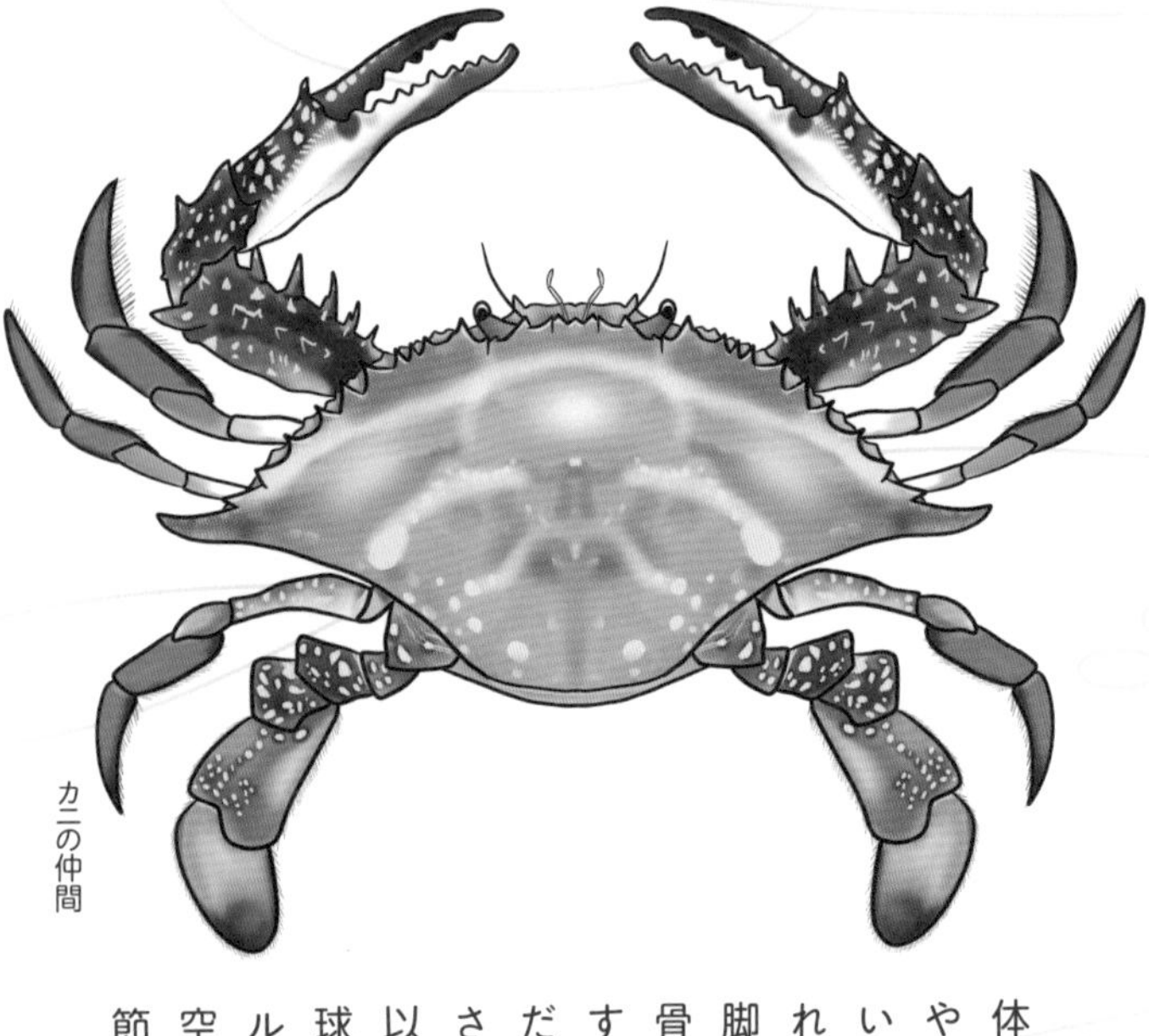

カニの仲間

節足動物だけでも多様でお腹いっぱい

体が2つ以上の異なる形の体節に分かれる生きもの。脚や触覚も関節で節に分かれていることから節足動物と呼ばれる（クマムシやカギムシの脚には関節はない）。硬い外骨格をもち、脱皮をして成長する。名前がついているものだけでも約130万種いるとされ、すべての動物種の8割以上は節足動物が占める。地球上で最も繁栄しているグループ。陸、海はもちろん、空にまで進出したほねなしは節足動物だけ。

節足動物門の系統樹

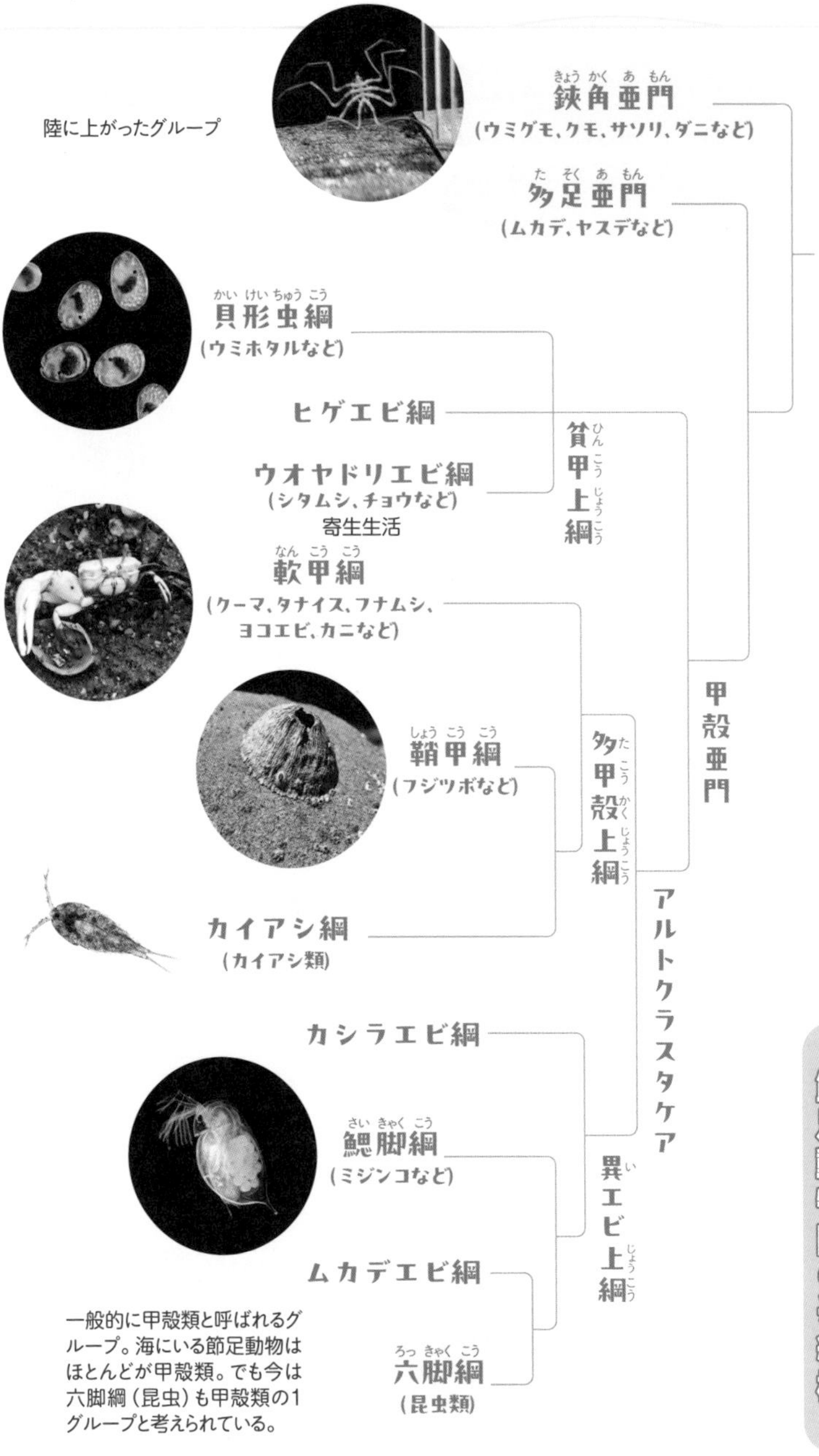

陸に上がったグループ
鋏角亜門《きょうかくあもん》
(ウミグモ、クモ、サソリ、ダニなど)
多足亜門《たそくあもん》
(ムカデ、ヤスデなど)
貝形虫綱《かいけいちゅうこう》
(ウミホタルなど)
ヒゲエビ綱
ウオヤドリエビ綱
(シタムシ、チョウなど)
寄生生活
貧《ひん》甲《こう》上《じょう》綱《こう》
軟甲綱《なんこうこう》
(クーマ、タナイス、フナムシ、ヨコエビ、カニなど)
鞘甲綱《しょうこうこう》
(フジツボなど)
多《た》甲《こう》殻《かく》上《じょう》綱《こう》
カイアシ綱
(カイアシ類)
甲殻亜門
アルトクラスタケア
カシラエビ綱
鰓脚綱《さいきゃくこう》
(ミジンコなど)
異《い》エビ上《じょう》綱《こう》
ムカデエビ綱
六脚綱《ろっきゃくこう》
(昆虫類)
一般的に甲殻類と呼ばれるグループ。海にいる節足動物はほとんどが甲殻類。でも今は六脚綱(昆虫)も甲殻類の1グループと考えられている。

節足動物門の系統樹　Oakley et al., 2013; 大塚・田中, 2020による

毛《もう》顎《がく》動《どう》物《ぶつ》門《もん》

Chaetognatha

ヤムシの仲間

顕微鏡で見ると
ただの棒

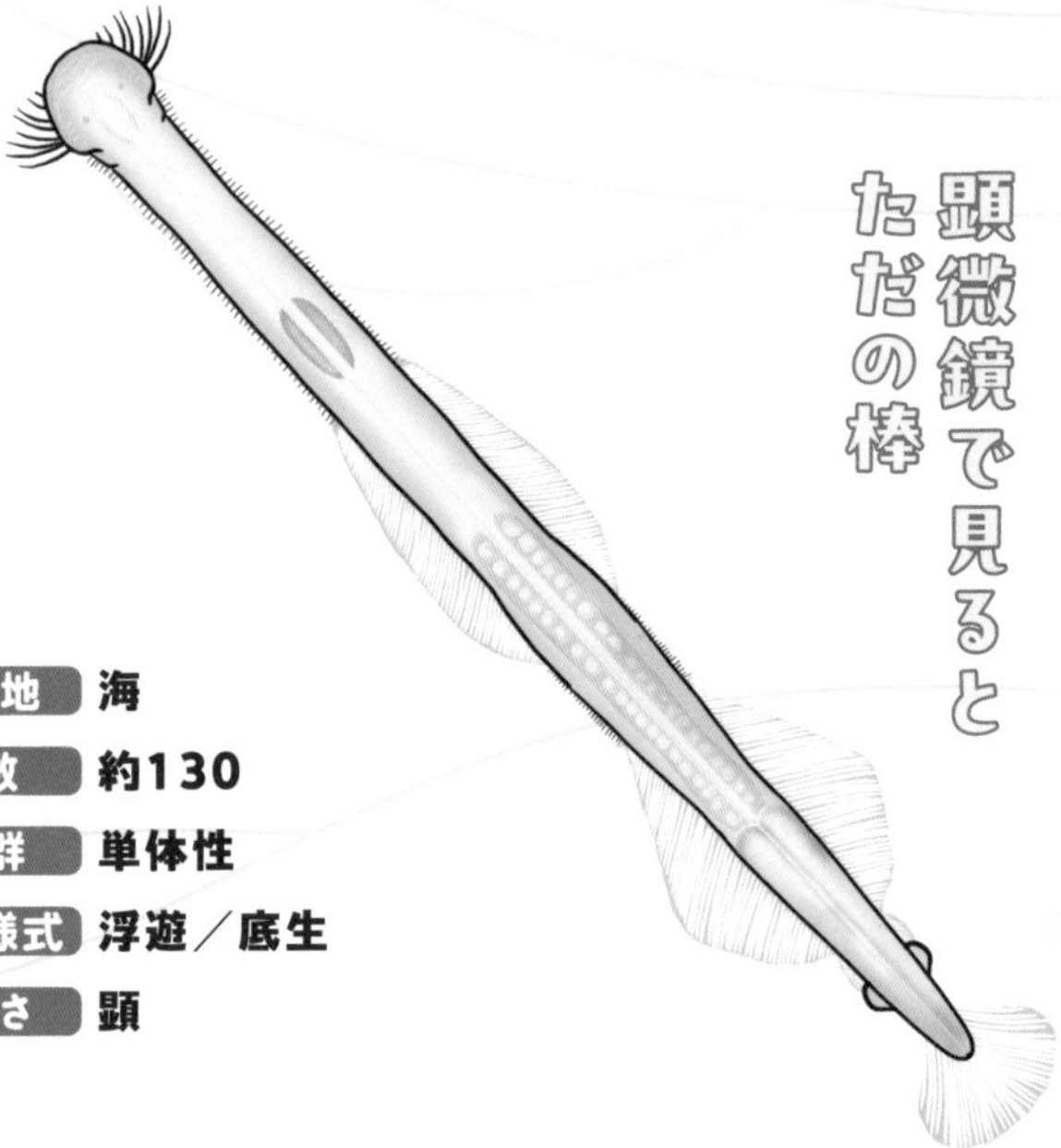

ヤムシの仲間

生息地	海
種数	約130
単/群	単体性
生活様式	浮遊／底生
大きさ	顕

体長数ミリ〜数センチの矢のように真っすぐな体にヒレをもつ海の生きもの。ほねなしでヒレをもつのはヤムシだけ。わずかな底生性のもの以外はプランクトンとして海を漂っている。口のまわりに顎《がく》毛《もう》と呼ばれる硬い毛をもつことから毛顎《もうがく》動物と呼ばれる。すべて肉食で、顎毛で獲物（主にカイアシ類）を捕まえて食べる。潮下帯〜深海まで世界中の海に分布。種数は少ないものの個体数は多いので、プランクトン採集でふつうに観察できる。

珍無腸形動物門《ちんむちょうけいどうぶつもん》
Xenacoelomorpha
チンウズムシの仲間

動物門が
新設されると
かなりざわつく

生息地	海
種数	約395
単/群	単体性
生活様式	浮遊／底生
大きさ	顕／手

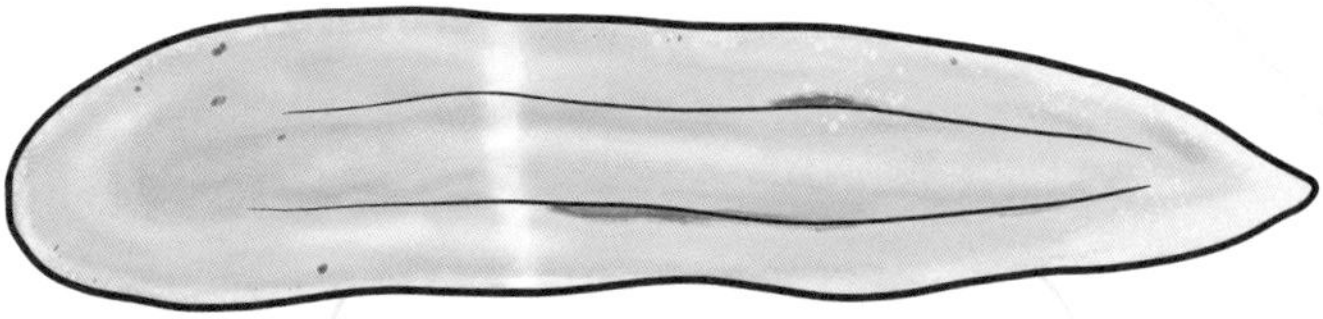
チンウズムシの仲間

とても単純で平べったい形の海の生きもの。珍渦虫《ちんうずむし》と無《む》腸《ちょう》動物と呼ばれるグループからなる。珍渦虫は体長1〜20㎝。口と腸はあるけど肛門はない。消化器官も袋状の単純なもの。体中に生えた繊毛《せんもう》で移動する。無腸動物は体長0・3〜1・5㎜。扁形動物と似ているが、消化器官の構造がちょっと違う。2011年に新たに提唱された動物門。いまだ系統樹のどこに位置するか定まっていない謎多きグループ。

棘《きょく》皮《ひ》動《どう》物《ぶつ》門《もん》

Echinodermata

ヒトデ・ウニ・ナマコの仲間

登場ページ P42、P68、P70、P98

生息地 海

種数 約7,000

単/群 単体性

生活様式 固着／浮遊／底生

大きさ 顕／手／ヒトより大

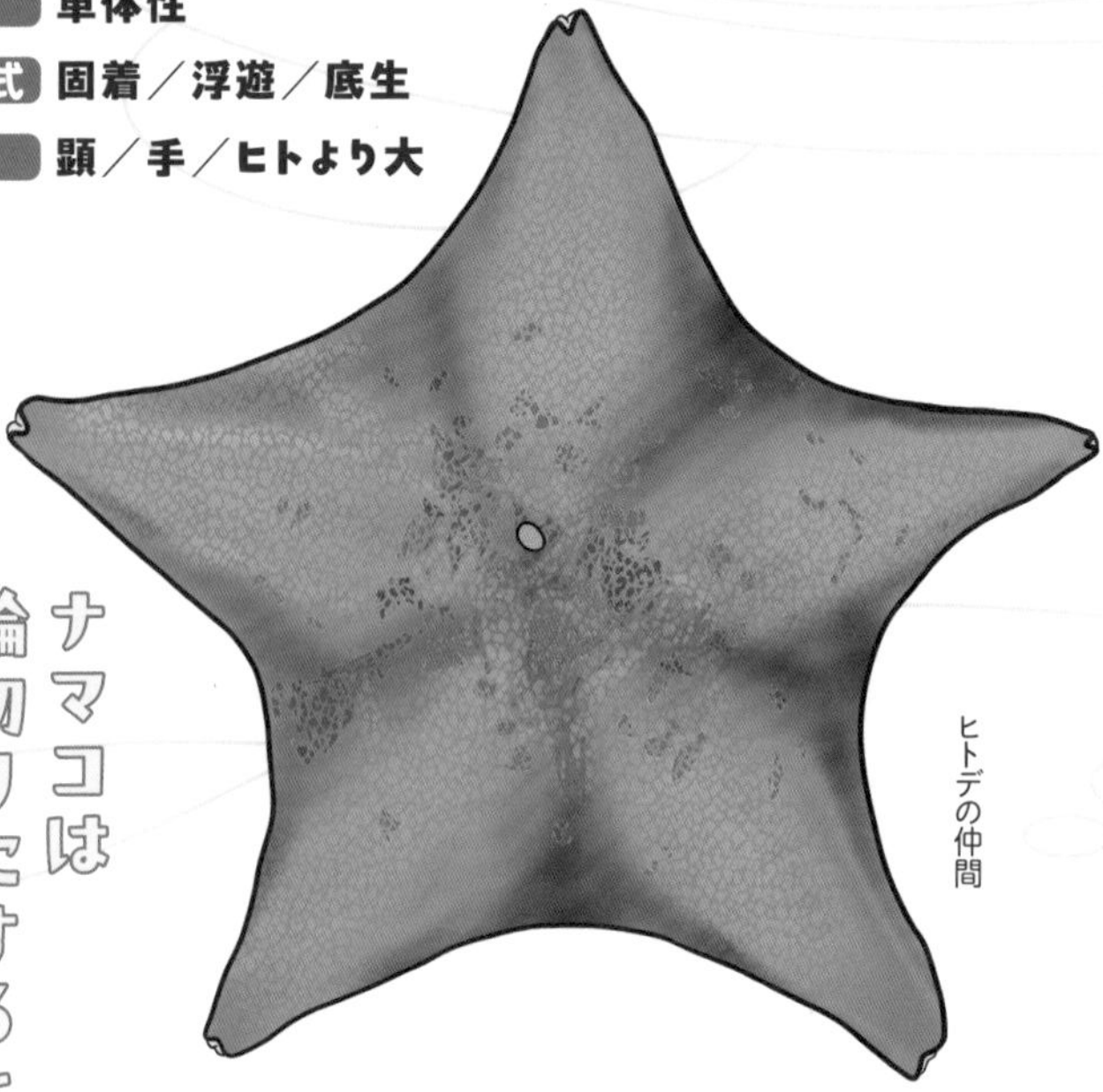

ヒトデの仲間

ナマコは輪切りにすると五枚射だよ！

成体が口を中心とした5放射相称の形をした海の生きもの（子どもの頃は左右相称）。また、石灰質でできた小さな骨片《こっぺん》を組み合わせた骨格や、その骨格を埋める結合組織、体中をめぐる水管系など、とにかく棘皮動物にしかない特徴がとても多い。水管系とつながった管足《かんそく》と呼ばれる足をたくさんもっており、管足で移動したり食べ物を捕らえて運んだりする。棘のたくさん生えたウニを代表として棘皮動物と呼ばれる。

棘皮動物門の系統樹

ウミユリ綱

柄のないウミシダと
柄のあるウミユリがいる。
ウミユリは深海のみ

クモヒトデ綱

真ん中の丸い盤と
腕の区別がつくのが
クモヒトデ

ヒトデ綱

ナマコ綱

ナマコはオクラを
イメージして!

ウニ綱

わかりづらいが、
ウニの体も5放射

棘皮動物門の系統樹Janies et al., 2011による

ギボシムシ本体より
ウンチ（砂の山）が有名

半《はん》索《さく》動《どう》物《ぶつ》門《もん》

Hemichordata

ギボシムシ・フサカツギの仲間

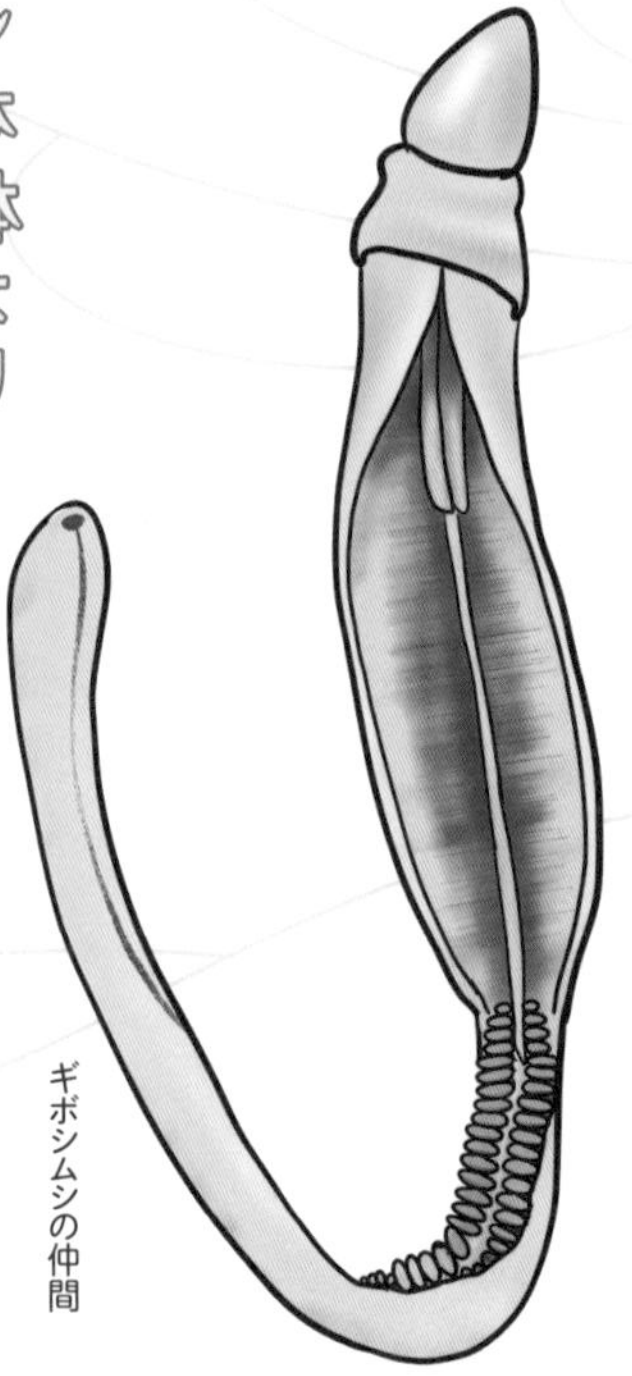

ギボシムシの仲間

生息地	海
種数	約130
単/群	単体性／群体性
生活様式	固着／底生
大きさ	顕／手

体が吻《ふん》（頭盤《とうばん》）、襟《えり》、胴体の3つの部分に分かれた海の生きもの。ギボシムシ類は吻の形が、橋などの柱の先にある擬宝珠《ぎぼし》に似ていることからギボシムシと呼ばれる。体長数センチ～2m、胴体の長いニョロニョロとした形で、砂の中に巣穴をつくって暮らす（食べるのも砂）。フサカツギ類は1㎜ほどの棲管《せいかん》をもつ個《こ》虫《ちゅう》が群体《ぐんたい》をつくって岩などに付着し、頭盤《とうばん》から触手の生えた腕を出して餌を捕る。

頭《とう》索《さく》動《どう》物《ぶつ》門《もん》

Cephalochordata

ナメクジウオの仲間

生息地 海／淡水／陸

種数 約30

単/群 単体性

生活様式 底生

大きさ 手

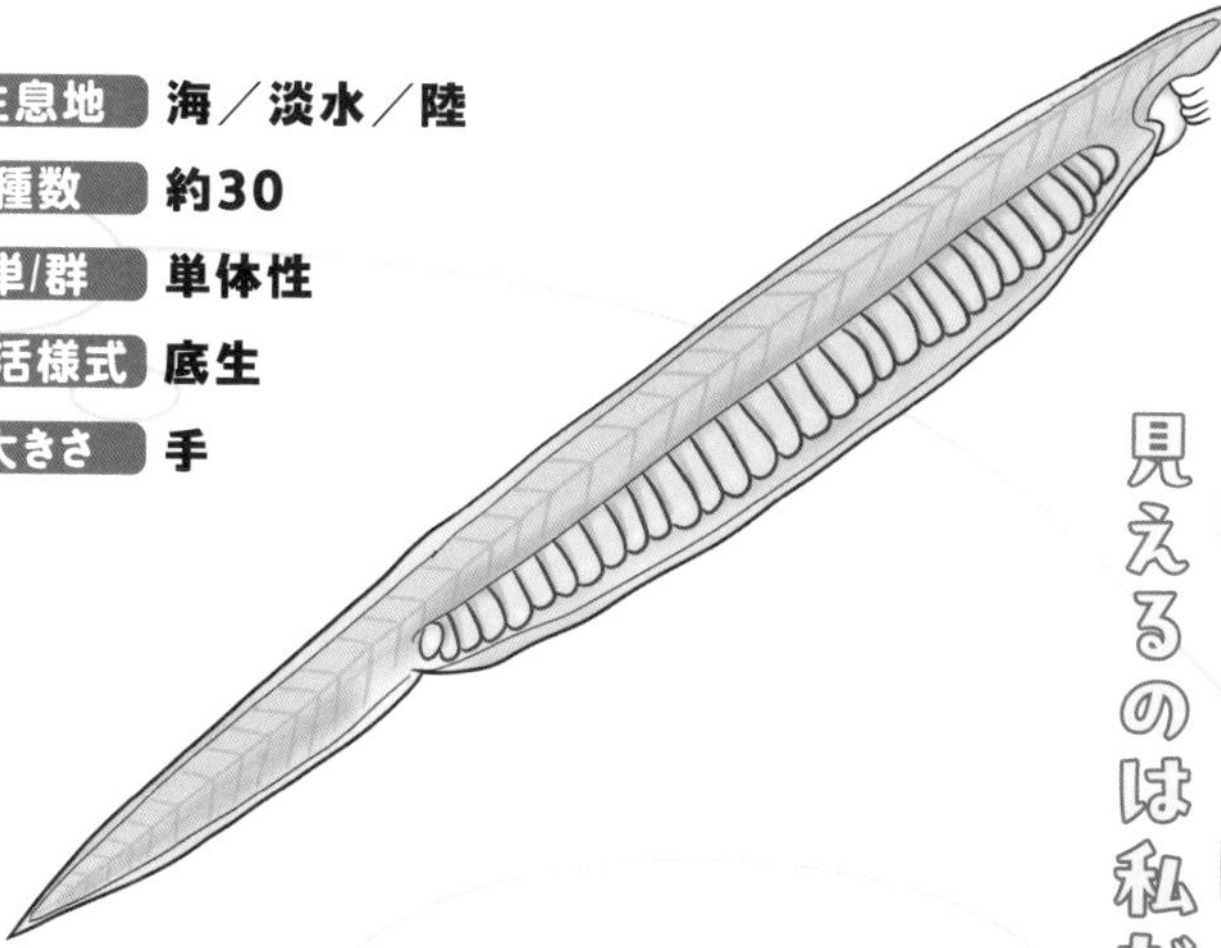

ナメクジウオの仲間

おいしそうに見えるのは私だけ？

体長数センチ、魚のような形をした海の生きもの。頭から尻尾の先まで、脊索《せきさく》と呼ばれるゴムの棒のような体を支える軸を生涯にわたってもつ。魚に似ているが目も骨もなく、海底の砂の中に潜っていてめったに泳がない。鰓《えら》にある繊毛で水流をおこして海水を取り込み、鰓で餌を濾しとって食べる。主に温かく浅い海に生息する。ナメクジウオという名は、軟体動物のナメクジの仲間と間違って分類されたことに由来するらしい。

尾《び》索《さく》動《どう》物《ぶつ》門《もん》
Urochordata

ホヤの仲間

登場ページ P72

生息地	海
種数	約2,940
単/群	単体性／群体性
生活様式	固着／浮遊
大きさ	顕／手／ヒトより大

これを食べようと思う
日本人すご

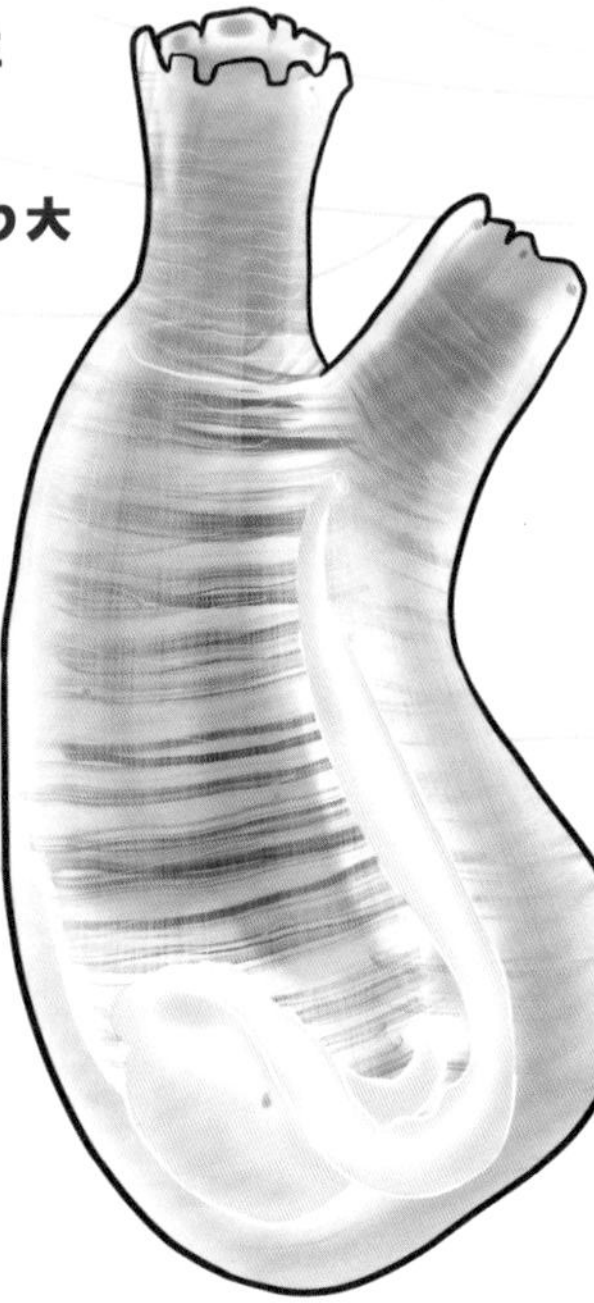
ホヤの仲間

体長数ミリ～数十センチ、みずから分泌した、やわらかい皮で覆われた、固着性または浮遊性の海の生きもの。この皮は植物などがもつ繊維であるセルロースを含む。セルロースをつくれる動物は尾索動物だけ。ほとんどの種がナメクジウオと同じように鰓《えら》にある繊毛《せんもう》で水流を起こし、海水を取り込んで餌を濾しとって食べる。子どものうち、もしくは一生尻尾のほうにだけ脊索《せきさく》をもつ。ホヤの由来は火屋《ほや》（ランプシェード）、寄生木《ほや》（ヤドリギの古語）と諸説あり。

脊《せき》椎《つい》動《どう》物《ぶつ》門《もん》

Vertebrata

魚・両生類・は虫類・鳥・哺乳類の仲間

魚の仲間

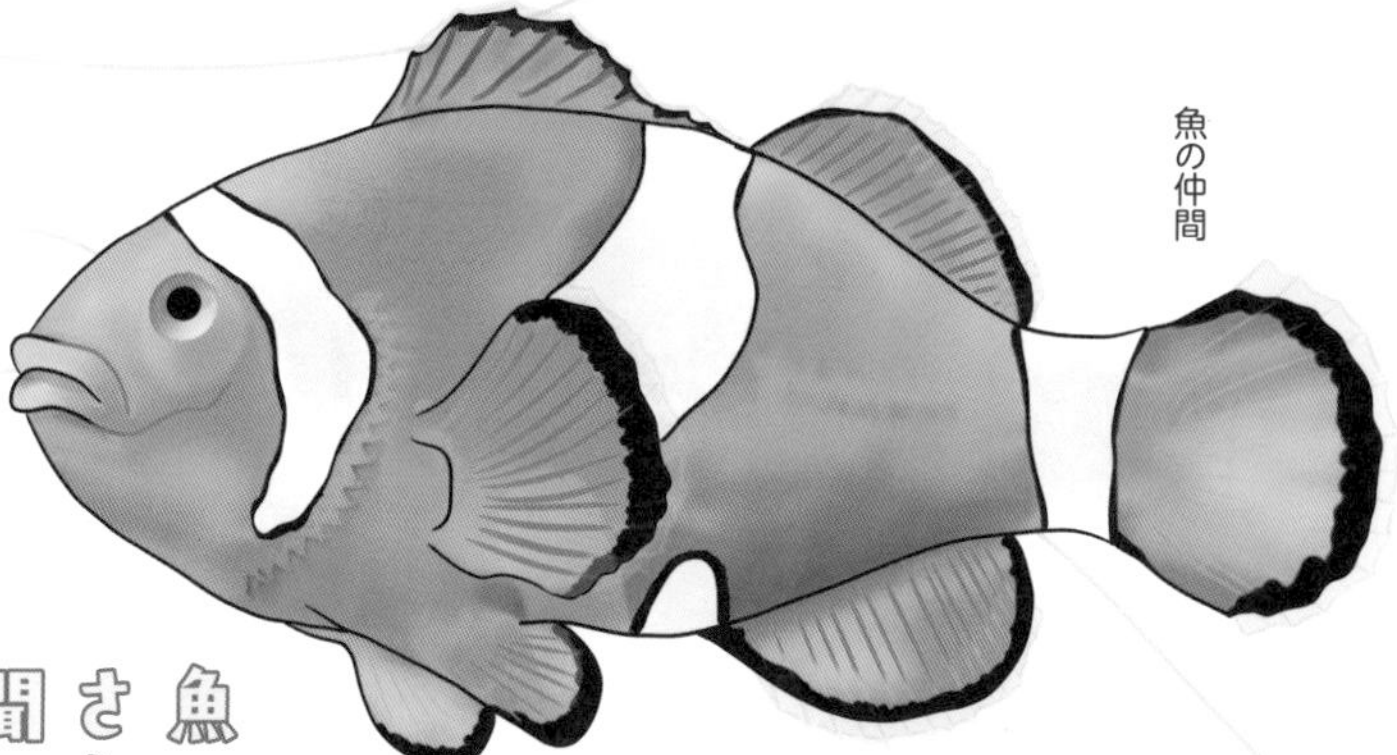

魚のことは
さかなクンに
聞いてください

生息地	海／淡水／陸
種数	約65,100
単/群	単体性
生活様式	浮遊／底生
大きさ	手／ヒトより大

背骨（脊椎）で体を支えている生きものたち。頭、胴体、そして対になる手足などが胴体から生えるというのが基本的な形。頭を守る頭蓋骨をもち、脳が発達している。強靭な背骨により海でも陸でも大繁栄。特に重力が大きい陸での大型化に成功したため、とても存在感が大きい。動物園で見られるのはほとんど脊椎動物。私たち人間ももちろん脊椎動物。種数も節足、軟体に次いで3番目に多い（それでも全体の5%未満）。

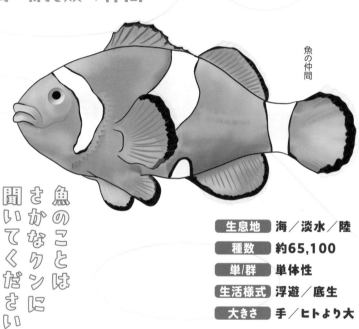

ありえないほねなしに

本書を読んで「本物のほねなしを見てみたい！」と思ってもらえたなら本望です。海のほねなしに出会うためには、海岸（砂浜、磯、干潟、藻場など）に行く、（船、釣り、ダイビングなどで）外洋に出るなど、いろいろな方

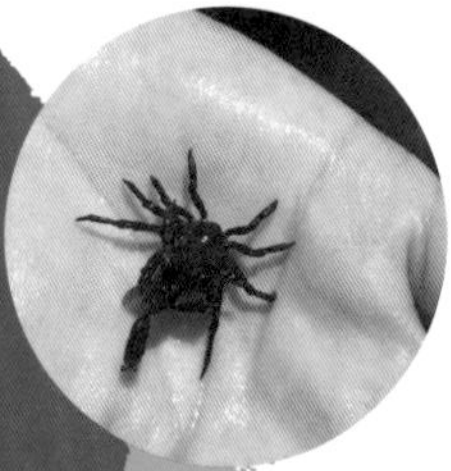

時期・時間

海には潮の満ち引きがあります。潮がよく引いた（岩がたくさん露出した）状態のほうがたくさんの生きものを観察できます。おすすめの時期は潮が日中によく引く春から夏。大潮の日に干潮の時間を調べて行きましょう。大潮の日や干潮時刻を調べるには潮位表を見ます。気象庁や海上保安庁のサイトで調べられます。

服装・道具・マナー

【服装】磯は砂浜と違い、岩がゴロゴロした危険な場所です。すべらない靴（ビーチサンダルは論外）、長袖シャツ、長ズボン、帽子、軍手、ライフジャケットなどをしっかり装備しましょう。

【道具】バケツ、網、箱メガネ、スクレイパーなどがあると便利です。

【マナー】ひっくり返した石は戻す。観察が終わったら生きものも返す。ゴミは持ち帰る。

キケンな生きもの

磯には毒や鋭い歯をもった生きものもいます。クラゲ、ウニ、棘のある魚など、その地域の危険な生きものを調べてから行きましょう。また、むやみに素手で触らないようにしましょう。

図鑑で予習

ほねなしは知らないと生きものとすら認識できないものが多くいます。そのため磯の生きもの図鑑などで予習しておくのがおすすめです。博物館や大学などが地域ごとの

法があります。生息している生きものは環境によって大きく変わります。そのため、いろいろな場所・方法で採集してみるとさまざまな生きものに出会えます。

そのなかでも（特にビギナーに）一番のおすすめ場所は磯です。磯とは岩がゴロゴロとある海岸のことです。固着生物が付着でき、隠れ場所にもなる転石がたくさんある磯には驚くほどたくさんのほねなしがいます。また徒歩で行くことができ、生きものを実際に手に取って観察できる最高の場所です。ここでは磯でほねなしを観察するためのヒントをいくつかご紹介します。

出会うには？

図鑑を発行している場合もあるので探してみるとよいでしょう。前記のような注意事項などもより詳しく載っているので、よく読んで準備しましょう。

【おすすめ図鑑】

- 今原幸光ほか『新 写真でわかる磯の生き物図鑑』海文堂出版
- 千葉県立中央図書館 分館 海の博物館（監修）『海辺の生きもの図鑑』成山堂書店
- 『海辺の生物（小学館の図鑑NEOポケット）』小学館

観察会に参加する

近くの博物館や自然団体などが観察会を開催している場合、それに参加するのがおすすめです。場所や日程、持ち物や探し方などをしっかりレクチャーしてもらえますし、生きものについて詳しく教えてもらえます。特に初めての人はまず生きものを認識できないので、観察会に行ってみましょう！

あとがき

「本物」を見てみたい！

中学生のある日、海なし栃木県の自宅で私はとあるテレビ番組を見ていました。そこで紹介されていたのはタコクラゲというクラゲ。なんとそのクラゲは光合成をする藻類を体内に共生させており、日向ぼっこするだけで生きていけるというのです（p48参照）。さまざまなことに窮屈さを感じていた思春期の私は、そののんびりとした優雅な姿に一瞬にして虜になってしまいました。これが私のほねなしファーストインパクト。

え？　ちょっと自由すぎやしませんか？　いいの？　そんな生き方して。私のなかの常識をひっかきまわし絶大なインパクトを残したクラゲのことが忘れられず、私は海を求めて故郷を飛び出し、海の生きものについて学び始めました。そして大学院ではヒトデの系統分類学の研究に没頭することになりました。

大学、そして大学院に入ってからのほねなしインパクトはとどまるところを知りませんでした。本書で紹介したような驚くべき姿形、仰天の生態に出会うたびに脳をハンマーでガンと叩かれたような衝撃を受け、私は自分のなかの常識を見直さざるをえなくなり、生きものや自然への敬意がどんどん膨らんでいきました。そして「いつか本物を見てみたい！」と子どものように純粋にワクワクしました。本書を読んでくださった皆様にも、見てみたいと思える生きものはいたでしょうか？　そう、知識を得た先に待っている楽しみが、まさに〝本物に会う〟という体験です。

〝いる〟のを知らないのは〝いない〟のと一緒

「本物に会いたい！」

その衝動だけで、私は生きてきた節があります（笑）。私は幸運にも、図鑑や論文、映像でしか見たことがなかった生きものに、実際に会う機会をたくさんいただいてきました。あの生きものが本当に存在していた！　本当に生きてる！　今、目の前に、この手の中にいる！

この瞬間の感動は何ものにも代え難い。私の心臓あたりに本当に炎がゴォォッと燃え上がるのです。まさに魂の喜び。じつはこの本の執筆中にも思いがけず特大の感動を味わわせてもらいました。

夫がある日、カギムシを家に持ち帰ってきたのです（仕事で使うために購入したらしい）。カギムシとは有爪《ゆうそう》動物門に属する生きものので（p135参照）、全34動物門のなかで唯一、現生では陸にし

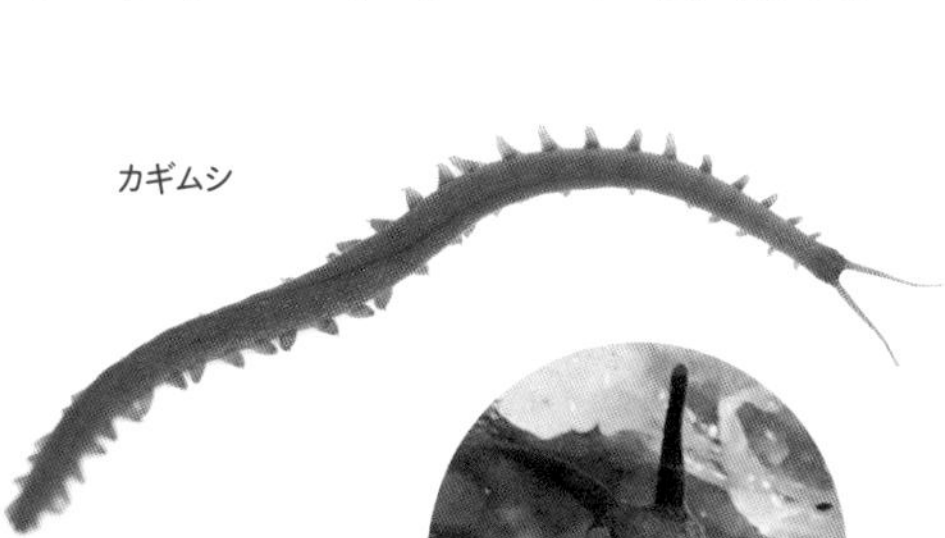
カギムシ

かいません。しかも、日本には生息していない。だからまさか生きているうちに会えるとは思っていませんでした。

「え？　ホントに？　本物？」

恐る恐る容器を受け取ると、そこにはまるいほっぺにちょっと間抜けな顔をしたカギムシが!!

「わぁ〜、まじだ〜」と興奮というよりもうソワソワしてしまう私。満足げに微笑む夫（笑）。その日は息子を早々に寝かせた後、夜中にカギムシ撮影大会が行われました。たくさん生えたムニムニの脚を交互に動かして滑るように動く様子がネコバスにしか見えない！　かわいすぎる。もう本当に、この感動をみんなにも味わってほしいんだ！　と執筆にさらに力が入った出来事でした。


私たちが生きているのは認知の世界です。〝いる〟のを知らないのは〝いない〟のと一緒。だからまずは知ることが大事。知ることで世界は広がります。そして願えばいつか会うことができます。カギムシもそうだし、冒頭のパラオのタコクラゲに会いたいという夢も、15年のときを経て叶いました。

私は海に行くときに予習・復習をおすすめしています。たとえば旅行をするとき、事前にいろいろと調べますよね。憧れの場所に行ける感動は、事前に知っていたからこそ。もちろん何も知らずに行くのも楽しいけれど、知らないと（ガイドしてもらわないと）辿り着けない場所というのもあります。

私が開催している磯の観察会では、ヨロイイソギンチャクという生きものを必ず紹介します。このイソギンチャクは体の表面に砂粒をつけているので、背景にまぎれてはじめはみんなその存在に気づきません。しかし、私が一度「これだよ、ここにいるよ」と教えると、自分で見つけられるようになります。すると、「あ、ここにもいた。こっちにもいた。あれ、あれ、ここにも」と。最終的にはぁ

砂粒を身にまとう、ヨロイイソギンチャク

まりにたくさんいるのでギョッとします。そして今まで気づかなかったことが信じられなくなるのです。このヨロイイソギンチャクを認識できると、不思議とほかの目立たない生きものにも目がいくようになります。

「海にこんなにたくさんのいろいろな生きものがいるなんて知らなかった！」

最も多く、最も嬉しい感想です。文字どおり、観察会の前と後では世界の見え方が変わるのです。

そしてぜひ、出会った生きものは名前を調べてみてほしい（これが復習）。名前を知っている子と知らない子、どちらに愛着がわきますか？　名前を知ると、自分のなかにその生きものがどっしりと根を下ろして存在してくれるような気がするのです。

生きものを守ることも、名前を知るところから

分類学者は生きものに名前（学名）をつけます。学名をつけるという行為は社会的に（科学的に）その生きものを存在させるという役割があります。ちなみに未記載種といって、発見したけれど学名がついていないものは、社会的に存在することにはなりません。だから分類学者はその生きものを存在させるために名前をつける。もう愛でしかない。世界中のたくさんの偉大な先人たち、現役の分類学者たちのおかげで、この愛しく多様な生きものたちが存在しています。

けれどもう一歩。より多くの人の世界に、ほねなしたちを存在させたい。ほねなしの多くは一般的

にはあまり知られていません。一般の人が絶滅を危惧するのは大きくて目立つかわいらしい生きものがほとんどでしょう。でもこの本を読んでくれたのなら、小さくユニークな生きものたちが懸命に生きていることがわかってもらえたのではないでしょうか。小さな砂浜ひとつ潰すだけでどれほどの命が失われるのか。存在すら認識されずに絶滅していく生きものがどれほどいるのか、少し想像できるようになるかもしれません。

生きものたちは知ってもらうだけ、存在を認識してもらうだけでもとても喜こんでいるように感じます。実際、海にいくと必ず生きものがいるのです。じつに多様な生きものたちが「こんにちは！ぼくはここにいるよ」とでも言うように顔を見せてくれます。ぜひ海に行ってみてください。生きものたちは、いつでもあなたを待っています！

本書を手にとっていただき、本当にありがとうございました。これをきっかけにあなたの世界が生きもので溢れ、ますます豊かになりますように。

謝辞

この本は先人たちの研究があってこそできたものです。生きものたちに真摯に向き合い、観察し、名づけ、記録を残してくれた世界中の先人たち、今も貪欲に探求し生きものの多様性を解き明かそうと励んでいる現役の研究者たちに心からの敬意を表します。また恩師である国立科学博物館の藤田敏彦先生をはじめ、たくさんの関係者のもとで学ばせていただけたことに心から感謝します。

本書の製作にあたって、イラストレーターのワタナベケンイチさんには、ほねなしが親しみやすくなるような、とてもかわいらしいイラストを描いていただきました。アトズの吉池康二さんの装丁・デザインのおかげで読みやすく、とても素敵な本に仕上がりました。東京大学の幸塚久典さんにはほねなしの美しい写真を数多く提供いただきました。またクラゲコミュニティー jfish 管理人の平山ヒロフミさんにも美しいクラゲの写真をご提供いただきました。その他にも本当に多くの人の力を借りてできた渾身の一冊です。この場をお借りしてお礼申し上げます。そして、私を見いだし執筆のチャンスを与え、筆の遅い私を励ましながら最後まで伴走してくださった編集の井澤健輔さんに心より感謝します。

本を出版することは私の大きな夢の一つでした。その夢を叶えることができたのは、誰よりも広い器で私を受け止め自由に活動させてくれる夫、いるだけで私にパワーを与えてくれるかわいい息子のおかげです。また私の活動の中心である自然科学教育普及団体「地球レーベル」をはじめ、私に関わってくれるすべての人の支えがあり、走り切ることができました。ありがとう。そして、私を育て学びの機会を与えてくれた両親に精一杯の感謝の気持ちを込めてこの本を捧げます。

2024年2月
ひとでちゃん

池田等（2009）『海辺で拾える貝ハンドブック』文一総合出版
風呂田利夫、多留聖典（2016）『干潟生物観察図鑑』誠文堂新光社
中野裕昭（2015）日本各地にいる神経も筋肉もない奇妙な動物ー平板動物ー.財）水産無脊椎動物研究所
中村真悠子、小口晃平、三浦融（2020）環形動物門シリス科で見られる特殊な生殖様式:ストロナイゼーション.（財）水産無脊椎動物研究所
山崎博史（2021）砂の隙間に暮らす動物たちー多様性の宝庫,メイオベントスー .（財）水産無脊椎動物研究所
嶋田大輔（2023）地球で一番多い虫？　海産自由生活性線虫の多様性.（財）水産無脊椎動物研究所
広瀬雅人（2010）コケムシの多様性と系統分類の現状（1）.（財）水産無脊椎動物研究所
山崎博史、藤本心太、田中隼人（2019）海産メイオベントス（小型底生生物）の採集および抽出方法.タクサ　日本動物分類学会誌,46,40−53
大塚攻、田中隼人（2020）顎脚類（甲殻類）の分類と系統に関する研究の最近の動向.タクサ　日本動物分類学会誌,48, 49-62
Satoh, N., D. Rokhsar and T. Nishikawa (2014) Chordate evolution and the three-phylum system. Proceedings of the Royal Society, B. Biological Science, 281: 2014.1729.
Janies, D. (2001) Phylogenetic relationships of extant echinoderm classes.Can. J. Zool., 79, 1232-1250.
Wanninger, A. and Wollesen, T. (2019) The evolution of molluscs. Bilo. Rev., 94, 102-115.
Kayal, E. et al. (2018) Phylogenomics provides a robust topology of the major cnidarian lineages and insights on the origins of key organismal traits. BMC Evolutionary Biology, 18:68
Oakley, T. H. et al. (2013) Phylotranscriptomics to Bring the Understudied into the Fold: Monophyletic Ostracoda, Fossil Placement, and Pancrustacean Phylogeny.Mol. Biol. Evol., 30(1), 215-233.
西川輝昭（1995）ナメクジウオの名の由来.南紀生物, 37(1): 41-46.
柳研介　編著（2018）海の生きもの観察ノート14　ゴカイのなかまを観察しよう.千葉県立中央博物館分館海の博物館
柳研介　編著（2007）海の生きもの観察ノート6　イソギンチャクを観察しよう.千葉県立中央博物館分館海の博物館
山崎博史（2017）〈総論〉メイオベントスの多様性と進化ー小さな世界に広がる大きな多様性.生物の科学 遺伝, 71(4): 332-338.
藤本心太（2017）海産クマムシ類の多様性ーその見分け方と見つけ方.生物の科学 遺伝, 71(4): 353-359.

参考文献

岩槻邦夫、馬渡俊輔 監修、白山義久 編集 (2000)『バイオディバーシティ・シリーズ5　無脊椎動物の多様性と系統』裳華房
藤田敏彦 (2010)『新・生命科学シリーズ　動物の系統分類と進化』裳華房
(公社) 日本動物学会 編 (2018)『動物学の百科事典』丸善出版
日本ベントス学会 編集 (2020)『海岸動物の生態学入門』海文堂
白山義久ほか 指導・執筆 (2019)『[新版] 小学館の図鑑NEO7水の生物』小学館
武田正倫 監修 (2016)『学研の図鑑LIVE水の生き物』学研
武田正倫 監修 (2013)『ポプラディア大図鑑WONDA水の生きもの』ポプラ社
堀川大樹 (2015)『フィールドの生物学15クマムシ研究日誌』東海大学出版部
倉谷うらら (2009)『岩波科学ライブラリー159〈生きもの〉フジツボ　魅惑の足まねき』岩波書店
本川達雄 編著 (2009)『ウニ学』東海大学出版部
小野篤司 (2015)『ヒラムシ　水中に舞う海の花びら』誠文堂新光社
今原幸光 編著 (2023)『新　写真でわかる磯の生き物図鑑』トンボ出版
千葉県立中央博物館 海の博物館 監修 (2022)『海辺の生きもの図鑑』成山堂書店
中野理枝 (2011)『海に暮らす無脊椎動物のふしぎ』ソフトバンククリエイティブ
大久保奈弥 (2021)『岩波ジュニアスタートブック　サンゴは語る』岩波書店
加戸隆介 編著 (2021)『三陸の海の無脊椎動物』恒星社厚生閣
岩国市立ミクロ生物館 監修 (2013)『日本の海産プランクトン図鑑　第2版』共立出版
マラー・J・ハート (2017)『セックス・イン・ザ・シー』講談社
佐波征機、入村精一 (2002)『ヒトデガイドブック』TBSブリタニカ
椿玲未 (2021)『岩波科学ライブラリー306〈生きもの〉カイメン　すてきなスカスカ』岩波書店
藤田敏彦 (2022)『岩波科学ライブラリー313〈生きもの〉ヒトデとクモヒトデ　謎の☆形動物』岩波書店
伊藤立則 (1985)『砂のすきまの生きものたちー間隙生物学入門ー』海鳴社
山城秀之 (2016)『サンゴ　知られざる世界』成山堂書店
中野理枝 (2018)『へんな海のいきもの　うみうしさん』マガジン・マガジン
藤原義弘ほか 監修 (2021)『小学館の図鑑NEO26深海生物』小学館
本川達雄 (1992)『ゾウの時間ネズミの時間』中公新書
岡西政典 (2020)『新種の発見』中公新書
岡西政典 (2022)『生物を分けると世界が分かる』講談社

索 引

※本文で紹介している生きものの名前や、
重要な用語を並べています。
太字は詳しい解説のあるページです。

写真提供

Part1

【p.15】©Scott Strickland / Adobe Stock【p.16】©Bernd Schierwater / Wikipedia
【p.19】©MAKOTO / Adobe Stock【p.21】©Hitodechan【p.23】(左上) André LABETAA / Adobe Stock,
(右上) ©Hitodechan, (下) © JCMorenoR / Adobe Stock【p.27】©The Ocean Agency / Adobe Stock
【p.29】©石川晃隆 / Adobe Stock【p.31】(上) ©nekomamire / Adobe Stock, (下) ©Hitodechan
【p.33】©Izuzuki / Adobe Stock【p.35〜43】© Hitodechan

Part2

【p.47】©Noriyuki / Adobe Stock【p.49】©Hitodechan【p.51】© (上) nikkytok / Adobe Stock, (下)
©Dmitri Portnov / Adobe Stock【p.53】©w.aoki / Adobe Stock【p.55】©Yuji Kamiya
【p.57〜59】©Hitodechan【p.63】©Phoebe / Adobe Stock【p.65】©Hitodechan
【p.67】©inubi / Adobe Stock【p.69】©Hitodechan【p.71】©ead72 / Adobe Stock【p.73】©Hitodechan

Part3

【p.77】©sai / PIXTA【p.79】©幸塚久典【p.81】©nori / Adobe Stock【p.83】©Izuzuki / Adobe Stock
【p.85】©Hitodechan【p.87】©幸塚久典【p.89】©Kana Design Image / Adobe Stock
【p.91】©fumoto-lab / Adobe Stock【p.93】©幸塚久典【p.95〜99】©Hitodechan

Part4

【p.109】(上から) ©Hitodechan, ©TechAgent/ Adobe Stock, ©平山ヒロフミ, ©Dmitri Portnov/ Adobe Stock, ©Eduardo / Adobe Stock, ©Eduardo / Adobe Stock【p.123】(頭足綱) ©lastpresent / Adobe Stock, (掘足綱) ©murasal / Adobe Stock, (その他) ©Hitodechan【p.137】(貝形虫綱) ©inubi / Adobe Stock, (カイアシ綱) ©juancajuarez / Adobe Stock, (鰓脚綱) ©yosuyosun / Adobe Stock, (その他) ©Hitodechan【p.141】©Hitodechan

コラム

【p.44】©幸塚久典【p.60,61】(左下) ©INUBI / PIXTA, (その他) ©Hitodechan【p.74】©Hitodechan
【p.128】(センチュウ) ©SCIENCE FACTORY ltd. / Adobe Stock, (ヒモムシ) ©Kolevski.V / Adobe Stock,
(ゴカイ) ©Hitodechan, (ナマコ) ©usa / PIXTA

文・イラスト(Part4)

ひとでちゃん

1988年、栃木県生まれ。つくば市を拠点とする自然科学教育普及団体「地球レーベル」代表。ヒトデ研究者。新潟大学理学部生物学科卒業後、ヒトデの研究をすべく東京大学大学院理学系研究科へ進学。博士前期課程を修了し、公益財団法人水産無脊椎動物研究所に。退所後、海の生きものの魅力を伝えるための活動を開始。イベント講師や情報発信、イラストの制作などを精力的に行う。

イラスト

ワタナベケンイチ

1976年2月18日生まれ。イラストレーター。右利き。1996年より立花文穂を師事。1999年西瓜糖にて初個展。2000年HBファイルコンペ藤枝リュウジ大賞受賞。雑誌、広告、演劇ポスター等のイラストや、絵本、書籍などの装画・挿画を手がける。主な書籍に『暇と退屈の倫理学』國分功一郎著(太田出版)、『ギケイキ1・2・3』町田康著(河出書房新社)、『まいにちをよくする500の言葉』松浦弥太郎著(PHP研究所)など多数。

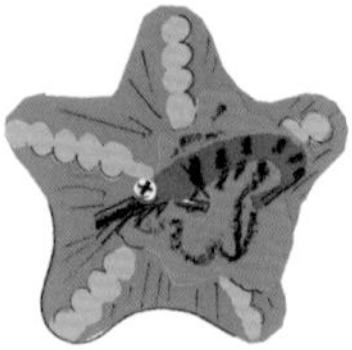

海のへんな生きもの事典
ありえないほねなし

2024年4月5日　初版第1刷発行

著　者　　ひとでちゃん／ワタナベケンイチ
発行人　　川崎深雪
発行所　　株式会社 山と溪谷社
〒101-0051　東京都千代田区神田神保町1丁目105番地
https://www.yamakei.co.jp/
印刷・製本　大日本印刷株式会社

・乱丁・落丁、及び内容に関するお問合せ先
山と溪谷社自動応答サービス　TEL.03-6744-1900　受付時間／11:00-16:00（土日、祝日を除く）
メールもご利用ください。【乱丁・落丁】service@yamakei.co.jp【内容】info@yamakei.co.jp
・書店・取次様からのご注文先
山と溪谷社受注センター　TEL.048-458-3455　FAX.048-421-0513
・書店・取次様からのご注文以外のお問合せ先
eigyo@yamakei.co.jp

※定価はカバーに表示してあります。
※乱丁・落丁などの不良品は送料小社負担でお取り替えいたします。

ISBN978-4-635-06403-3

Printed in Japan